イラストで理解 SQL はじめて入門

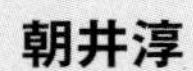

技術評論社

[ご注意] ご購入・ご利用の前に必ずお読みください

登場人物

丸山君（28才）

- SQLができるOL。
- もちろん、Excelもこなす。
- お父さんがとある会社のシステム部に勤めていることから、データベースを学ぶ。
- 実家暮らしで独身。家ではネコを飼っている。ネコの名前は「キー」。
  趣味は「食べ歩きと音楽鑑賞」。

部長（52才）

- Excelしか知らない営業部の部長。
- 丸山君にSQLを教えてもらう立場。
- 家族持ちのお父さん。
- 売上データなどをExcelで分析や在庫確認などをしている。困ったことがあると、「丸山君ちょっと」といってデータベースを教えてもらう。
- 趣味は「ギターとカメラ」。

はじめに

丸山君きみは
データベースが
できるそうだね
イマドキの若いもんは
ブッ
ブッ
はい
多少なら
ちょっとダケ
ですよ

じゃあ「SQL」
教えてくれる?
いいじゃ
ないか
へるもん
でもなし
えー
本気ですか
部長ーお
わたしが？
部長に？

というわけで、丸山君は部長にSQLを教えることになりました。ボーイミーツガールならぬ、おじさんミーツガールなのではありますが、細かい設定は気にせずにどんどん勢いで進んでいきたいと思います。

イラスト漫画で説明しきれない部分については、著者である私が詳細に説明していきますのでご心配なく。丸山君はちょっと頼りないですからね。

部長はExcelしか知りません。
ここのところ、データ分析などする際に、Excelの限界を感じているのでしょう。
世の中にある**データベース**というものの存在をどこかで聞き付けたのだと思います。データベースをなんとかするのが、**SQL**であることはなんとなく知っているようです。
その、SQLを会得したいと思い立った部長は、教えてくれる人を探し始めます。社内に適当な人材を探していると、丸山という名の女子社員を見つけました。割と近くに居たのでラッキーです。

ということで、冒頭のいきさつで部長はSQLを教えてもらうことになりました。興味は尽きない感じだとは思いますが、いっしょにSQLを学んでいきましょう。

朝井　淳

第10章 テーブルを作成・削除してみよう

第11章 複数のテーブルを扱ってみよう

CD-ROMの使い方

本書の付属のCD-ROMをお使いの前に、必ずこのページをお読みください。

付属のCD-ROMに収録されているデータの著作権は全て著者に帰属しています。本書をご購入いただいた方のみ、個人的な理由に限り自由にご利用いただけます。

本書付属のCD-ROMを利用する場合、いったんCD-ROMの全てのファイルとフォルダーを、ご自身のパソコンのドキュメントフォルダーなど、しかるべき場所にコピーしてください。

本書付属のCD-ROMには、**SQL実行ツール.msi**、**SQL実行ツール（32ビット）.msi**、**［SQLサンプル］フォルダー**が収納されています。

［SQL実行ツール.msi］と［SQL実行ツール（32ビット）.msi］については、本書の278ページの「SQL実行ツールのインストール方法」と280ページの「SQL実行ツールの使い方」を参照してください。

［SQLサンプル］フォルダーには、本書で解説しているSQLのサンプルコードがテキストファイルの状態で収納されています。テキスト形式のSQLのサンプルコードの使い方は本書の283ページ「ファイルの読み込み」を参照してください。

［SQLサンプル］フォルダーを展開すると、次のようになっています。

［2章］から［12章］までのフォルダーには、［1］［2］…ような数字のフォルダーが収納されています。この番号は各章にある節の番号に対応しています。例えば、［2章］フォルダーの［1］フォルダーは36ページから始まる［2-1 SELECTを実行してみよう］に対応しています。このファルダーにはその節で解説しているSQL文がテキストファイルの状態で収納されています。

なお、全ての節のフォルダーが存在するわけではありません。

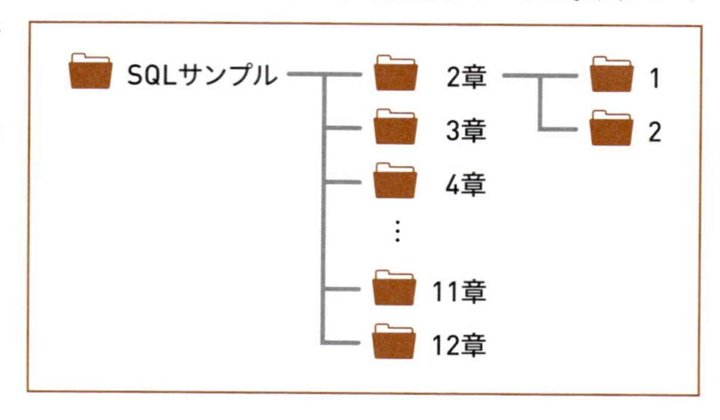

第  章

第1章 データベースとは？

1-1 SQLとは?

SQLを部長に教えることになった丸山君ですが、大丈夫でしょうか。まぁ先を読んでもらえれば部長がどこまで理解しているのかがわかると思います。では、始めましょう。

1 SQLってなに?

さっそく丸山君が部長につかまっているようです。

やっぱり、部長はよくわかっていなかったようですね。丸山君はこれから、大変そうです。

しかし、部長はどこからSQLなんていう言葉を聞き付けたのでしょうか?たぶん、取引先かどこかで「うちはデータベースで在庫管理してるよ」なんていう会話があったのかもしれません。SQLがデータベースを扱うプログラミング言語だっていうことはなんとなく知っているようです。読者の皆さんはもちろんご存じだとは思いますが。

のっけから丸山君がちゃんと答えられなかったので、ちゃんと解説しましょう。**SQLはStructured Query Languageの略**です。ストラクチャード・クエリ・ランゲージですね。呪文のように長いのでSQL（エスキューエル）と略します。

日本語でいったら**構造化問い合わせ言語**になります。Queryの部分が、問い合わせになります。クエリはよく使われる用語なので覚えておくとよいと思います。

SEQUEL

いまでこそSQLですが、開発された当初は**SEQUEL（シーケル）**と呼ばれていました。SEQUELはあの世界一の大企業といわれるIBMが開発したものなんです。SEQUELも略語なのですが、さらに略されて短くなりSQLになりました。SEQUELはStructured English QUEry Languageの略です。EnglishのEとQUEryのUEの部分が取れて、SQLになったわけですね。

Englishということからもわかるように SQLでの命令文は英単語を使って記述します。

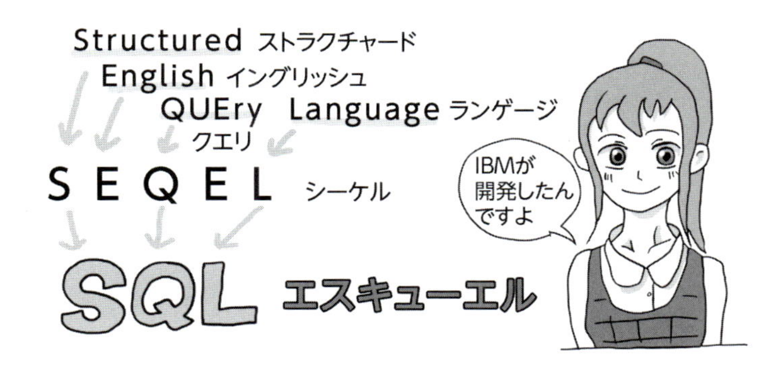

どうでもよい話ですが、コンピューター業界には3文字の略語が溢れているように思うのは私だけでしょうか。シーケルのほうが読みやすいような気もします。

プログラミング言語

Language（ランゲージ）は**言語**という意味です。言語といっても日本語や英語といった人間どうしの会話で使う言語ではなく、人間とコンピューターが会話するための、いわゆる**プログラミング言語**になります。

プログラミング言語での会話は、主にコンピューターに入力する文字によって行われます。最近では音声による命令も実用的になりつつありますが、SQLでは文字データによる命令が一般的です。キーボードをたたいて文字による命令を入力し、データベースへ命令を出すのがSQLの普通のやり方です。

先ほどもちょっと触れたように、SQLはSEQUELであったことから、英単語が命令の基本になっています。といってもかんたんな英単語しか使いませんので英語が苦手な方でも大丈夫です。部長でもOKでしょう。

上のイラストに少し見えていますが、SELECTがSQL命令の1つです。

2 SQLの役割について理解してみよう

SQLはデータを問い合わせするためのプログラミング言語です。どこに問い合わせを行うかといえばデータベースに対して問い合わせをします。

データベースといってもいろいろ種類があるのですが、SQLが使えるのは**リレーショナル・データベース**という種類のデータベースになります。リレーショナル・データベースというと長いので、**RDBMS（アールディービーエムエス）**

と省略されたりもします。

RDBMSでは、**テーブル**という表形式の構造でデータを管理するようになっています。本書で扱うデータベースはRDBMSなので単にデータベースといったらRDBMSのことを意味します。

クライアントからデータベースサーバーにSQL命令でクエリが行って、結果が戻ってきます。クライアントが命令しデータベースサーバーがデータを加工して戻します。

ザックリと説明するのなら、データベース内のテーブルからデータを引っ張り出したり、データを追加、削除したりするための命令が、SQLであるといえます。本書では、イラストを交えながら部長と一緒に、SQLの文法を学習していきます。

文法エラー

SQLも言語の一種であるためちゃんとした文法があります。正しい文法でデータベースに命令してやらないと、データベースは仕事をしてくれません。英語で適当にHelloとか呼びかけても答えてくれませんし、まして日本語も通用しません。

部長のように命令しても文法エラーが戻ってくるだけです。

英語で**Syntax Error（シンタックスエラー）**と表示されたら、あわてず、さわがずSQL命令の文法が違ったんだなと思ってください。

正しい文法で命令をすれば、DB君はきっちりと仕事をしてくれます。

SQLの命令文

文法といってもそれほど難しいものではありません。日本語の場合、主語と述語があるのが普通で、文の終わりは「。」を付けますよね。SQLでもその程度の決まりしかありません。自然言語では過去形とか複数形とか動詞や名詞、形容詞など面倒な事柄が多くありますが、そういうものはSQLにはありません。

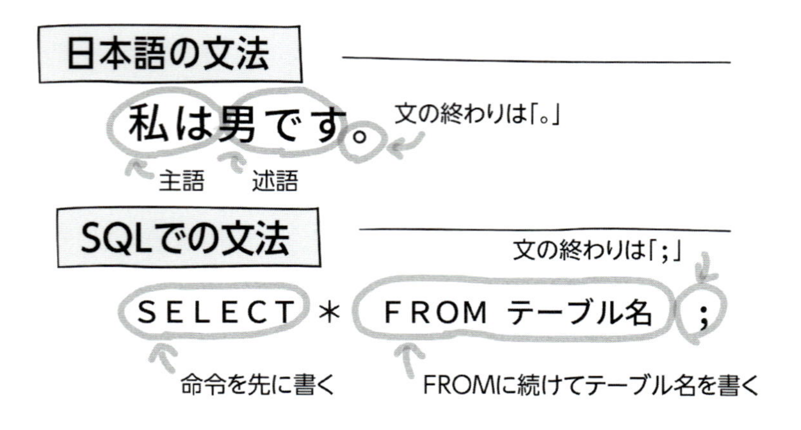

3 データベースの構造について理解してみよう

なんとなくSQLがわかったところで、SQLを送る先のデータベースについて見ていきましょう。まずは、丸山君の説明を見てみましょう。

部長が疑問に思ったように、データベースを説明する図に、よくドラム缶みたいな絵が描かれていますよね。

これって、昔の磁気ディスクをイメージしたものなのです。丸山君は見たことがないでしょうね、**磁気ディスク**。本当にドラム缶みたいな形をしていました。現在では小型化され、ハードディスクドライブに姿を変えています。

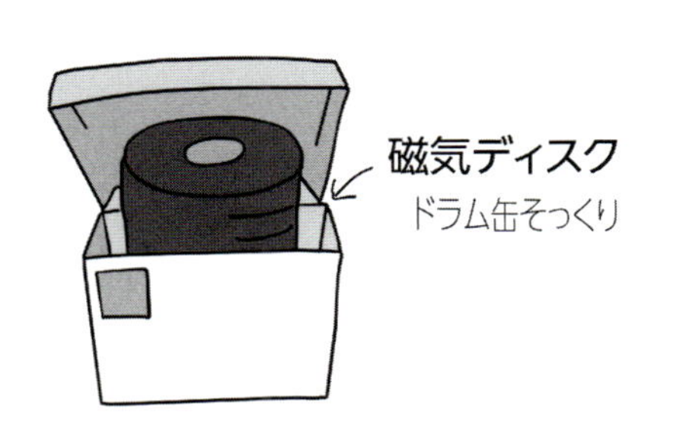

その当時は、データベースは磁気ディスクの中に入っているのが普通だったので、図として表現する際はドラム缶みたいな磁気ディスクを書いてデータベースとしたわけです。現在でもデータベースの図といったらドラム缶みたいな図を描くのが一般的です。

丸山君のいうとおりドラム缶みたいなデータベースの中には、たくさんのテーブルが作成されることになります。**たくさんのテーブルはそれぞれに付けられた名前で管理**されます。**テーブルの名前は、データごとにわかりやすい名前**が付けられます。名前が付いてないと、どれがどれだかわからなくなってしまいますからね。

たとえば、売上に関するデータなら「売上」という名前のテーブル。取り扱う商品に関するデータなら「商品」という名前のテーブル。という感じで、テーブルには名前が付けられていきます。

テーブル名は既存のほかのテーブルと重なってはいけません。「売上」という名前のテーブルは必ず1つだけになります。

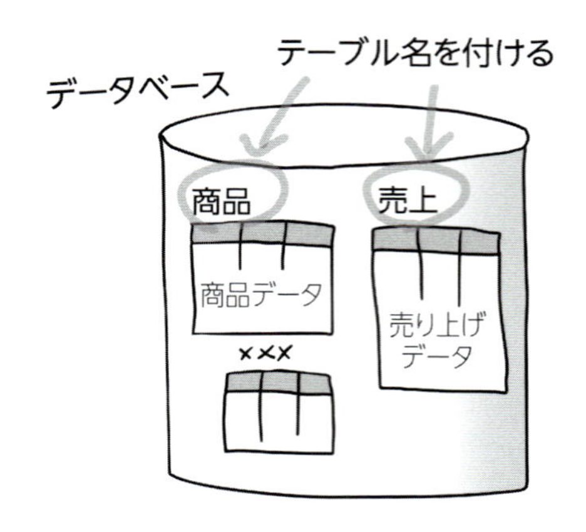

本書ではわかりやすさを優先して「売上」のように、日本語を使ったテーブル名としています。システムの都合上、全角文字を使わないほうがよい場合もあります。また、入力しにくいことから全角文字は敬遠されがちです。かといって、英語にすると意味がわからなくなるので、「URIAGE」とか「SYOUHIN」といったローマ字表記のテーブル名とする場合も多くあります。

4 テーブルの構造について理解してみよう

データベースでは、表形式のテーブルでデータを管理します。テーブルは行と列から成り立ちます。売上テーブルの構造を見てみましょう。

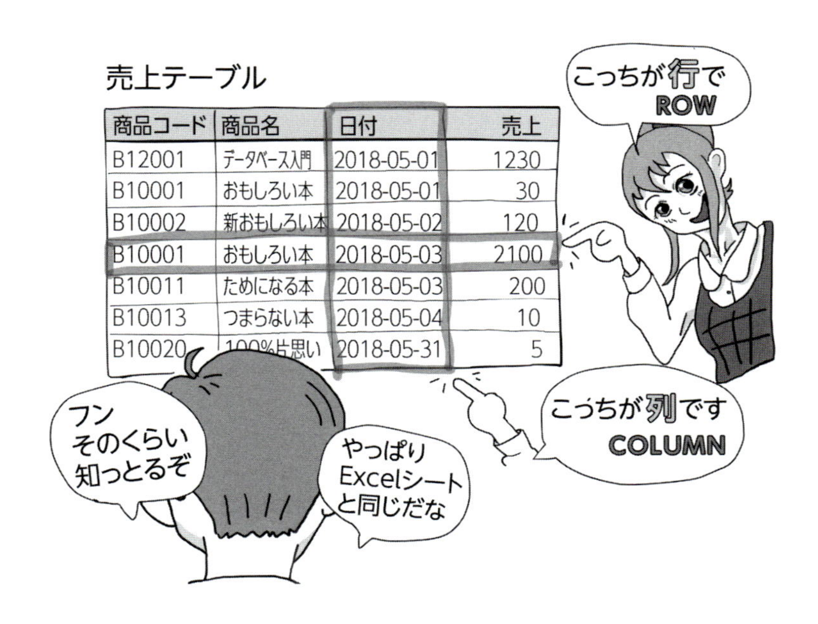

売上テーブル

商品コード	商品名	日付	売上
B12001	データベース入門	2018-05-01	1230
B10001	おもしろい本	2018-05-01	30
B10002	新おもしろい本	2018-05-02	120
B10001	おもしろい本	2018-05-03	2100
B10011	ためになる本	2018-05-03	200
B10013	つまらない本	2018-05-04	10
B10020	100%片思い	2018-05-31	5

テーブルは、たくさんの行から構成されています。行は上から下へ並んでいます。行の中は、列に分割されています。どの行も同じ列構成になっています。

部長の思っているとおりExcelシートと似た2次元の表みたいな構造になっています。

行の先頭には列見出しを書きました。テーブルの列には列名を必ず付けます。丸山君がさし示している列は、日付という名前になります。列名はSQL命令の中でいろいろな場面で使われることになります。一方、行については名前を付けません。

1つのテーブルに対して列は100件程度まで作成可能です。行のほうはもっとたくさん記録可能です。大規模データベースでは1000万行とか1億行あることも珍しくはありません。いわゆるビッグデータです。

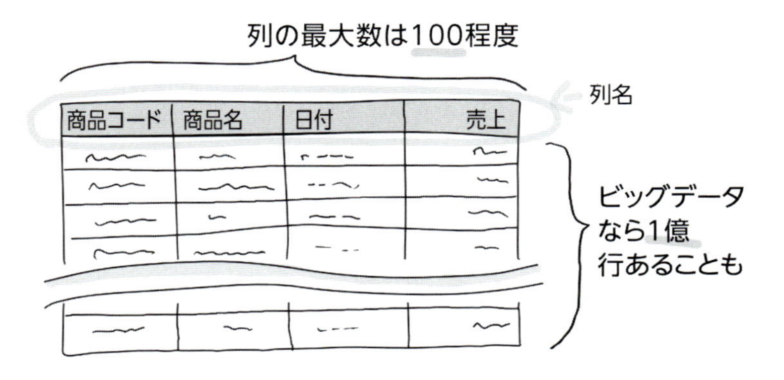

テーブルの中の1つのデータが入っている部分は**セル**と呼ばれています。

部長の考えているとおりExcelでのセルと同じ概念と思ってかまいません。

行と列が決定すると、1つのセルが決定します。このセルにはデータを1つだけ格納することができます。

商品コード	商品名	日付	売上
B12001	データベース入門	2018-05-01	1230

データをひとつだけ記録できる

データベースはたんなるデータの集まりではなく、**テーブルにより表形式の状態でハードディスクなどのストレージに整理**したうえで記録されています。

データが整理されていない状態にあると、1つのデータを探し出すのに困ってしまいます。データベースでは**データはテーブルで管理**されています。1つのデータを取り出すにはセルが決定すればよいので、行と列がわかればよいことになります。

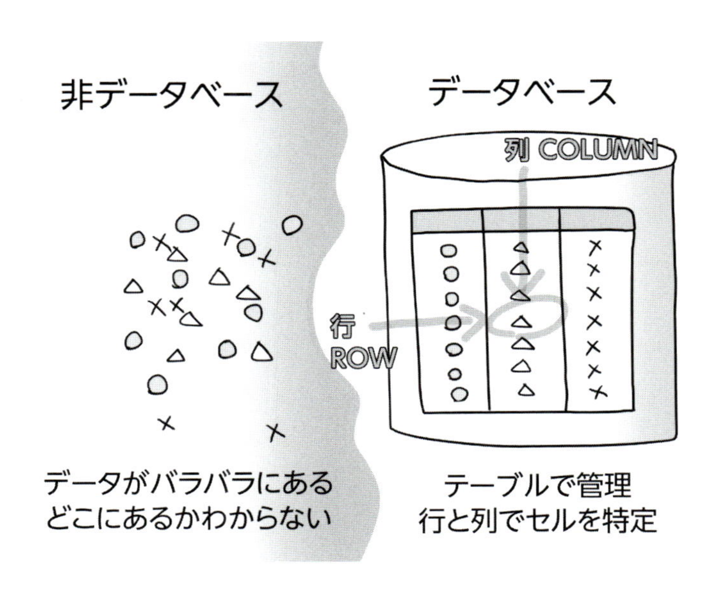

Excelでもセルを A1（A列の1行目）のような形式で行と列を指定しますよね。それと同じように、テーブルからデータを抽出する際には、行と列を指定することになります。

5　シートとテーブルはどう違う？

同じような構造をしているシートとテーブルですが、実際には異なります。どう違うのでしょうか。

あやふやな丸山君に代わって説明しましょう。

Excelのシートもデータベースのテーブルも表形式でデータを扱うことが可能です。どちらも行と列から構成され、1つのデータはセルに格納されています。部長が考えているとおりこれらの点はどちらも同じですね。

どこが違うのか具体的に見ていきましょう。

○ データ型

Excelで扱うデータには種類は問われません。数値でも日付でも特に意識することなく、なんでもセルに格納できます。しかしながらデータベースではデータの種類について意識しないといけません。

テーブルの列には**データ型**が設定されます。この点がExcelのシートとデータベースのテーブルとのいちばんの違いです。データ型には、数値型、文字列型など記録するデータに合わせて、いろいろ用意されています。たとえば、売上の列は売上のデータが記録されるでしょうから、数値型でOKでしょうし。日付の列は、日付時刻型が最適でしょう。

数値型に設定した列には数値しか格納できなくなります。文字列データは格納できません。日付型も同様です。

Excelシートには、どういったデータでも入力することは可能ですよね。

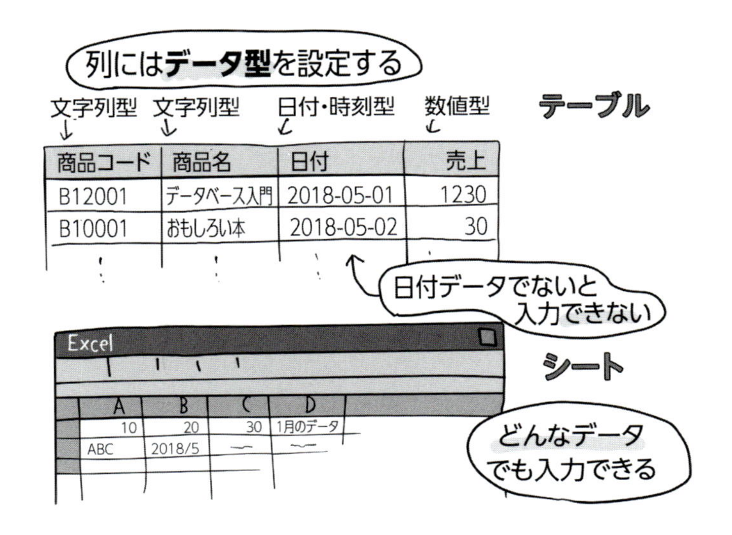

一見、不便に思えますが、データを受け付けないことで、**データベースの整合性を高める**ことができます。整合性というと難しく思えますが、かんたんにいえば「入力チェックされるので変なデータがなくなる」ということです。

日付として2018/2/30はあり得ない正しくないデータなので、そういったデータは入力できません。数値として、XYZは正しくないですよね。1+2は計算できても、XYZ+3なんて計算できません。数値型の列に、XYZはデータとして入力できないのです。

商品コード	商品名	日付	売上
B12001	データベース入門	2018-05-01	1230
B10001	おもしろい本	2018-05-02	30

2018-02-30

変なデータは入力できない

ダメです

データ量の違い

ビッグデータを扱うようなデータベースではテーブルに億単位のデータ行が記録されている場合もあります。

よく、200万人分の個人情報が流出した、とかいってますが、200万人分のデータがデータベースに格納されていたということです。テーブルには大量のデータ行を収めることが可能なのです。

Excelシートに入力できる行はバージョンにもよりますが、100万件程度です。

丸山君のいうとおり大量のデータがあってもデータベースなら大丈夫なのです。データベースには大量のデータを効率よく扱うための工夫があるからなのです。

テーブルではできないこと

Excelシートではできて、テーブルではできないこともたくさんあります。Excelシートでは、罫線を付けたり、文字の色やセルの色を変更できますが、テーブルのデータとして記録できるのは、数値データのみです。**シートのように罫線を付けてフォントを変更するなど、きれいな帳票を作成するといったことはできない**わけです。

また、Excelではシート内のデータをグラフで表示させることがかんたんにできます。データベースソフトにもよりますが、一般的にテーブルのデータを元にしてグラフを直接描くことはできません。Excelのようなグラフを描くことができる別のソフトに、テーブルからデータを持ってきて、といった操作が必要になります。

こういったきれいに見せるためのしくみはデータベースには備わっていません。**データベースのテーブルには純粋にデータしか格納されていない**のです。

テーブル

商品コード	商品名	日付	売上
B12001	データベース入門	2018-05-01	1230
B10001	おもしろい本	2018-05-02	30
⋮	⋮	⋮	⋮

罫線
フォント
セル色
グラフ

シート

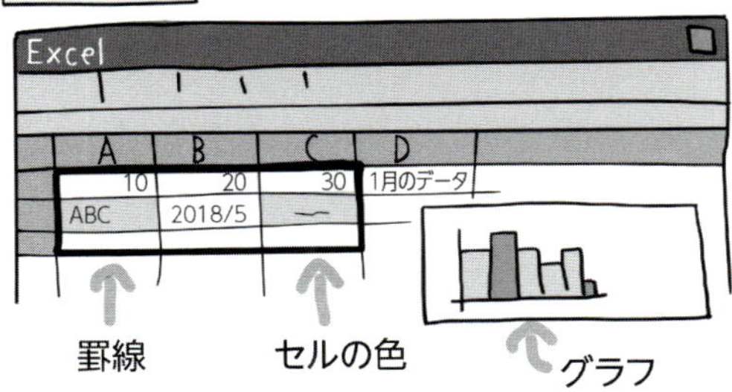

データベースを使ってみよう

丸山君のレクチャーにより、SQLがなんとなく見えてきた部長です。さっそくSQL命令を実行してみたいのですが、どうも雲行きがあやしいようです。

1 データベースを使ってみよう

部長がなにやら困って、丸山君を呼び出したようです。

部長はどうやってSQL命令を実行させようとしていたんでしょうね。たしかにExcelを使ってできなくもないですが、丸山君がいうとおりデータベースソフ

トは、標準装備されていないので、別途インストールする必要があります。

Android端末のように、組み込み型のデータベースがOSの一部としてインストール済みであるケースもあります。しかし、その場合でも、自由にSQL命令を実行できるようなしくみは備わっていません。

アプリを介して間接的にデータベースを使っていることになります。

データベースソフトをインストールすることが、SQL命令を実行することへの早道です。**たいがいのデータベースソフトがSQL命令を実行するためのクライアントツールが付属**しています。

2 どのようなデータベースがあるの？

とはいっても、どのようなソフトを入れればよいかわかりませんね。

世の中にはさまざまなデータベースソフトが存在します。製品として販売されているものから、オープンソースなフリーソフト、さらには、製品ではあるが、個人的な学習目的なら無料で使用できるもの、などいろいろあります。

丸山君がおすすめしている**SQL Server Express**は、Microsoft社が開発したデータベース製品です。容量の制限があり小規模なデータベースにしか使用できませんが、無償で利用することが可能です。

候補にあがっていたMySQLは、いわゆるオープンソースなフリーソフトです。こちらも無料で使うことができますが、Excel好きな部長には同じMicrosoft社製のデータベースのほうがよいでしょう。

読者の皆さんは、付属のSQL実行ツールをぜひとも活用してください。

これらのほかにもデータベース製品はいろいろあります。全てを紹介することはできませんが、有名なものをちょっとだけ紹介します。

Oracle	Oracle(オラクル)はOracle社が開発したデータベースです。歴史が古く、多くのシステムでOracleデータベースが使用されています。いわばデータベース界のボス的な存在です。
DB2	DB2(ディービーツー)は、IBM社が開発したデータベースです。SEQUELはIBMで作られたものでした。Oracleと並んで古くからあるデータベースです。データベースの元祖といってもよいでしょう。
SQL Server	SQL Server(エスキューエルサーバー)は、Microsoft社が開発したデータベースです。Windowsプラットフォームで稼働する比較的新しいデータベースです。
PostgreSQL	PostgreSQL(ポストグレスキューエル)は、オープンソースコミュニティが開発したデータベースです。いわゆるフリーソフトですね。
MySQL/MariaDB	MySQL(マイエスキューエル)もオープンソースコミュニティが開発したデータベースでしたが、Oracle社に引き取られました。オープンソースコミュニティでの開発も並行して行われており、こちらはMariaDB(マリアディービー)と呼ばれています。
SQLite	SQLite(エスキューエルライト)は、組み込み型の軽量なデータベースソフトです。AndroidにSQLiteが組み込まれています。
H2Database	H2Database(エッチツーデータベース)も組み込み型の軽量データベースです。Javaで書かれており、Javaで作成されたアプリケーションと相性がよいデータベースです。本書に付属のSQL実行ツールはH2Databaseを使用しています。

3 データベースの方言について理解してみよう

ということで、部長はSQL Server Expressをインストールすることにしたようです。

皆さんは、別のデータベースソフトを使用しているかもしれませんね。しかし、ご安心ください、基本的にSQL命令はどのデータベースでもだいたいは同じです。「だいたいは」というところが曲者です。**データベースによってSQL命令に若干の違いがある**のです。

だいたいは同じで若干の違いがある。ということなのですが、具体的にどう違うのかはそのつど解説していきたいと思います。

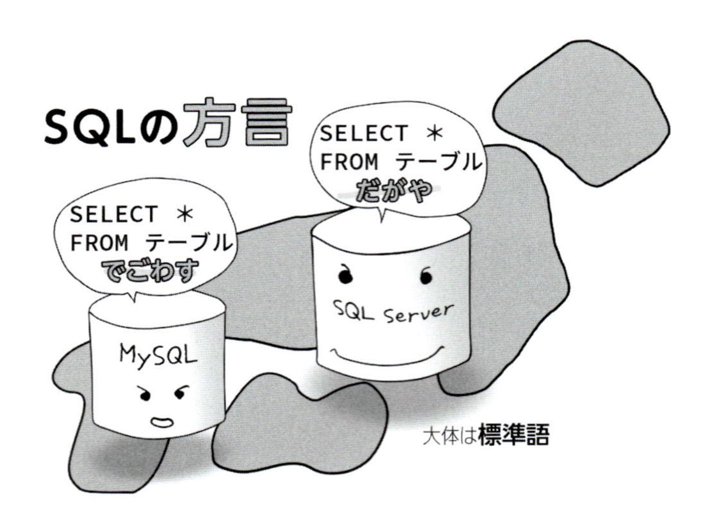

このようにデータベースごとにあるちょっとのSQL命令の差を**データベースごとの方言**と呼ぶ場合があります。SQLを使うときには方言に注意しましょう。

データベースごとに命令が異なっているとプログラミングするほうは大変です。そこで標準化団体であるISOが**SQL命令の標準化**を行いました。方言を使わないで、みなで標準語を使うようにしよう、と考えたわけです。

方言の例に、キーワードの省略があります。SELECT命令にはFROM句でのテーブルの指定が必須であるデータベースがあったり、省略してもかまわないデータベースがあったりして「まちまち」なのです。

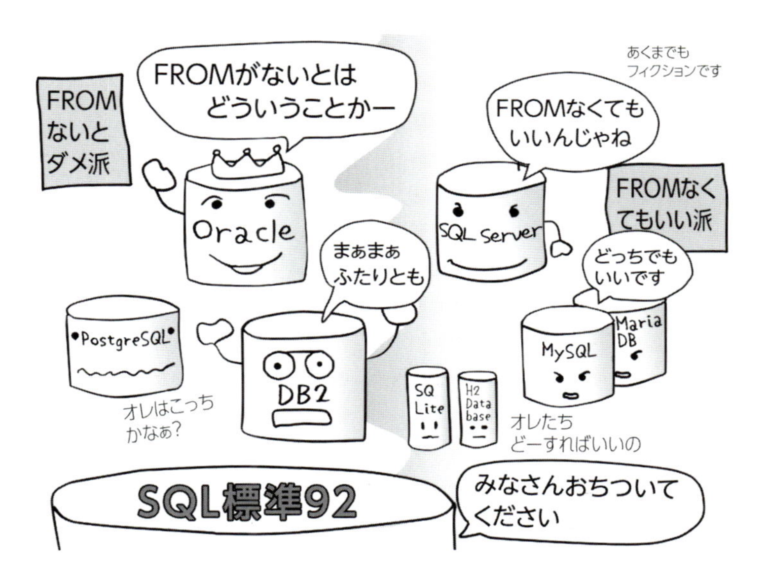

そこで、ISOは標準語となるような**標準SQL**を策定しました。ISOでの標準SQLは策定された年が付けられています。SQL-92、SQL-99、SQL-2003といった標準SQLがありますが、これらの数字の部分は策定された年を意味しています。標準語も年々改良されていっているわけです。

現在では各データベースベンダが努めて標準化に取り組んだため、方言は少なくなってきています。本書でも標準SQLに沿って解説をしていきます。

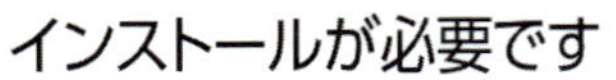

SQLはリレーショナルデータベースを操作するプログラミング言語です

データベースはOS標準ではないのでインストールが必要です

SQLを
実行してみよう

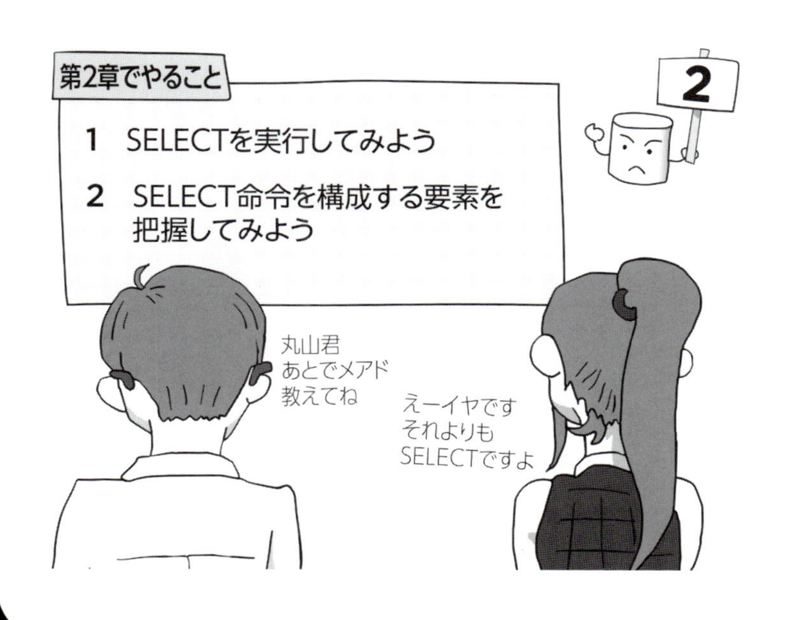

2-1 SELECTを実行してみよう

データベースやSQLの概要がわかったところで、SQL命令を実行しながら学んでいきましょう。

1 4つの基本命令を覚えよう

SQLを早くやってみたいせっかちな部長ですが、まずは基本命令を覚えましょう。

一般的なプログラミング言語は命令がたくさんあるのが普通です。条件分岐やくり返し、変数宣言など覚えるべき命令文が多くあります。

部長は一般的なプログラミング言語を想像したのか、多くの命令を覚えなければならないかと誤解しているようです。しかし丸山君のいうとおり**SQLには基本的な命令は4つしかありません**。4つなら覚えやすいですよね。

肝心の命令は**SELECT（セレクト）**、**INSERT（インサート）**、**UPDATE（アップデート）**、**DELETE（デリート）**の4つです。

基本命令はどれもかんたんな英語です。SELECTの日本語訳は選択ですね。データを抽出する命令がSELECTになります。INSERTは挿入です。データを追加する命令がINSERTになります。UPDATEは更新です。データを更新する命令がUPDATEになります。DELETEは削除です。データを削除する命令がDELETEです。

2 CRUDを理解してみよう

皆さんはCRUD(クラッド)という言葉を聞いたことはないでしょうか？　この言葉も略語でCreate(新規作成)、Read(読み込み)、Update(更新)、Delete(削除)の頭をとってきたものです。

CRUDはプログラムがデータを取り扱ううえで必ず必要となってくる4つの事柄を意味するものなのです。皆さんも普通にアプリケーションを使っていると思いますが、データを新規に作成したり、更新したり、削除したりといったことをしていますよね。そういったデータ操作の基本がCRUDです。

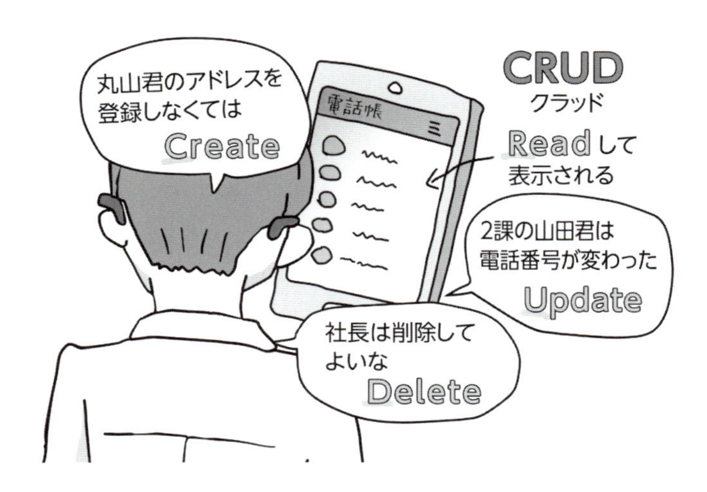

CRUDはデータベースに限った言葉ではありません。プログラミング全般で使われる概念になります。以降、CRUDとSQL命令の関係を見てみることにしましょう。

CRUDのRはSELECT

SQLの**SELECT命令によりデータの抽出を行う**ことができます。これはCRUDのRに相当する機能です。電話帳アプリの例では電話番号の一覧を表示する機能がSELECT命令で実現できます。

CRUDのCはINSERT

CRUDのCはデータを新規作成するという意味では、INSERTが対応する命令になります。**INSERT命令でテーブルにデータを新規に作成して追加登録する**ことができます。

丸山君のアドレスを新規に作成するときにはINSERT命令が実行されることになります。

CRUDのUとDはそのままUPDATEとDELETE

CRUDのUとDは、SQL命令でもそのままUPDATEとDELETEです。

UPDATEではデータを更新することができます。**DELETEはデータを削除する**ことができます。

山田君の電話番号を変更するときにUPDATE命令が使われ、社長の連絡先を削除するときはDELETE命令でデータを削除することになります。

DML DDL DCL

このようにCRUDでの4つの要素がSQL命令の4つの基本命令に対応しているわけですが、これら4つの基本命令以外にも命令は多くあります。

数多くあるものは分類しておくとわかりやすいので、SQL命令は次のように分類されています。

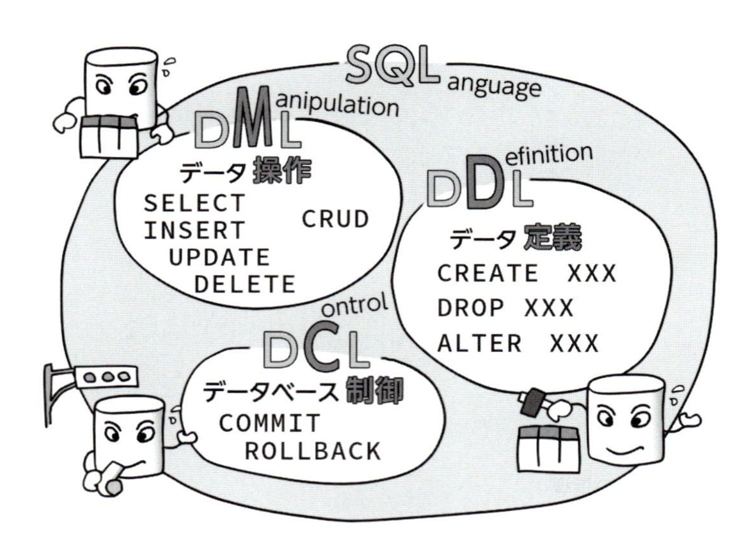

DML（ディーエムエル）は、Data Manipulation Languageの略でCRUDでのデータ操作を行う4つの基本命令のことです。ほかの分類の最初と最後はDとLなので真ん中の1文字だけを覚えておくとよいと思います。

DDL（ディーディーエル）はData Definition Languageの略で、データが格納されるテーブルを定義したり、削除したりする命令になります。テーブル以外にもデータベースに作成することができるため、イラストではCREATE XXXのようになっています。XXXの部分でなにを作成するのかが変化します。

DCL（ディーシーエル）はData Control Languageの略で、データベースを権限で管理したり、トランザクション制御を行ったりする命令が含まれています。

3 SELECTを実行してみよう

4つの基本命令(DML)の中でもっともよく使われるのがSELECT命令です。このよく使われるSELECT命令から学んでいくことにしましょう。

部長は丸山君の指導の下でやっているので迷うことがないですが、どこに入力すればよいかわからない、という読者の方のために、少々解説します。

部長の使っているクライアントツールは、GUIタイプです。そのため**キーボードを使って**、SQL命令を入力するためのテキストボックスがあります。

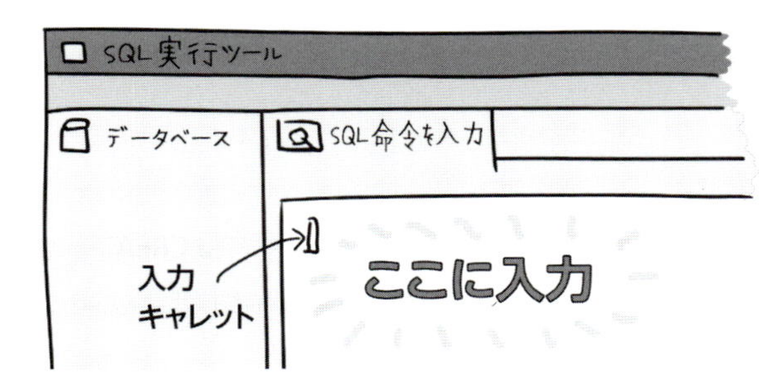

付属のSQL実行ツールを使用している読者の方は、ウィンドウ右側の入力エリアがSQL命令を入力する部分です。ここに入力していってください。

CUIのクライアントツールを使っている読者の方は、SQL>のようなプロンプトが出ていると思いますので、プロンプトのあとにSELECT...と入力していきます。

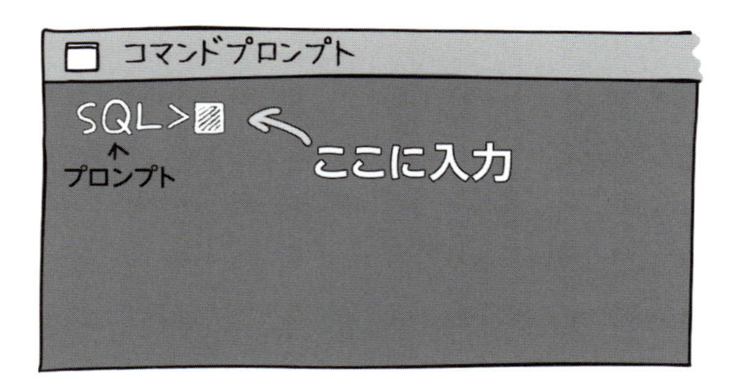

入力し終わったら、いよいよ実行させます。実行の方法はクライアントツールによってさまざまなのですが、GUIタイプでは実行用のボタンが付けられています。

ボタンをクリックすると入力されているSQL命令が実行されます。付属のSQL実行ツールでは「SQL実行」と書かれているボタンが実行用のボタンになります。

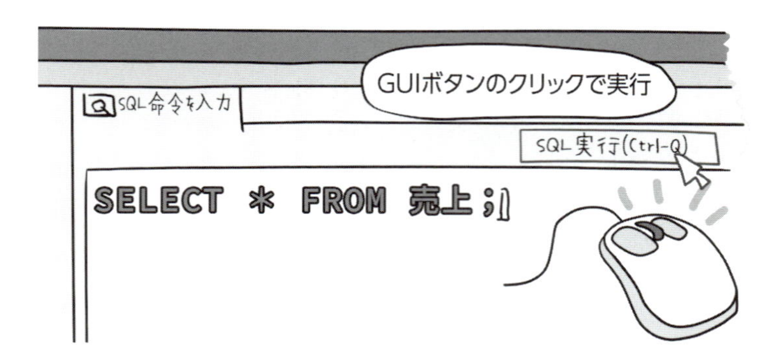

CUIタイプのツールでは、;まで入力して Enter キーで**改行されると**SQL命令が実行されます。**;**が入力されていないと実行されないので注意しましょう。

付属のSQL実行ツールを使っているのなら売上テーブルの内容が表示されます。

4 SELECT命令の書き方を覚えよう

なんとかSELECT命令を入力して実行した部長ですが、なにやらエラーとなってしまったようです。

丸山君は気付いたようですが、部長はなにがなんだかわからないようです。

SQLも一般的なプログラミング言語と同じように、半角英数で命令を書かないと受け入れられません。部長は、全角文字で「ＳＥＬＥＣＴ」と入力してしまったようです。文法エラーになってしまいました。

いつもはワープロやメールをしているので、日本語入力モードになっていますよね。[半角/全角]キーで入力モードを切替ながらSQL命令を入力していきましょう。

半角英数で入力すべきは、SELECTなどのキーワードの部分と記号（*）です。「売上」の部分はテーブル名です。漢字を使った名前ですので、この部分は漢字変換して全角文字で入力します。

慣れないうちはどの部分が命令のキーワードなのかわかりにくいと思いますので、英数字は全部半角で入力する、ということでもよいでしょう。

さて、**SELECTのような命令のキーワードとなるような英単語は大文字、小文字のどちらでもかまわない**ことになっています。

ですから、大文字でSELECTと書いてもよいし、小文字でselectでもよいのです。混在させることもできますSelectでもOKです。ひねくれてsEleCtと書いてもよいですが、読みにくいのでわざわざそのようなことはしません。

記号については大文字・小文字の区別はありません。

大文字で入力する場合は、Shift キーを使わないといけません。小指が「つりそう」という方は小文字で入力するのもありだと思います。

5 スペースが必要

気を取り直してSELECT命令を半角で入力し終わった部長ですが、まだ実行できないようです。

丸山君が指摘しているように、FROMと売上の間にスペース（空白）が必要です。「SELECT＊FROM売上」と続けて書いてはだめなのです。

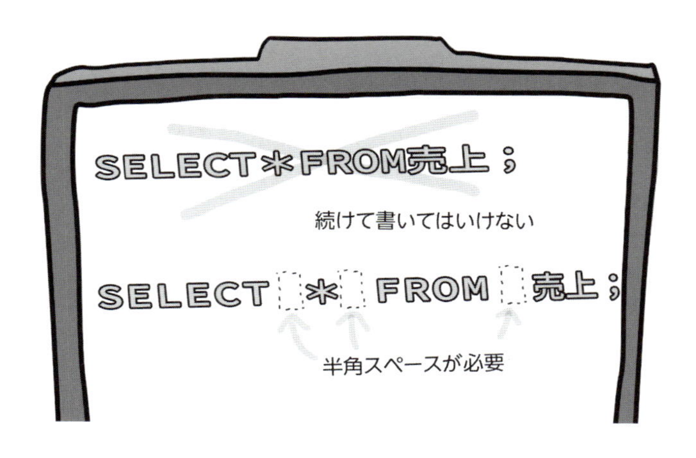

「FROM売上」のように続けて書いてしまうと、キーワードとしてFROMが認識されません。DB君的には「FROM」ならわかるけど、「FROM売上」なんて知らないよということです。

そこで、**FROMと売上の間に半角スペースを入力**して、FROMとテーブル名である売上を分離させる必要があるのです。ここで**スペースは半角で入力すること**に注意しましょう。全角スペースを入力しても見た目としては分離できますが、全角スペースは区切りとみなされないので、続けて書いたときと同様に文法エラーになってしまいます。なお、全角スペースでもエラーにならないデータベースもあります。

SELECTと＊の間、＊とFROMの間にもスペースが必要と書いてありますが、実は＊の前後にはスペースはなくてもかまいません。これは＊が区切りとみなされるからです。

人間が使う英文の英単語はスペースで区切られますよね。SELECTのあとにスペースを書いておけば、それがキーワードのSELECTであることがわかりますし、**読みやすくなるので＊の前後にスペースを入れて書くのがおすすめ**です。

キーワードとなるSELECTは続けて書かなければなりません。SEL ECTのように書いてしまうと、SELとECTの2つの単語になってしまいDB君にわかってもらえません。

実行結果

さて、無事にSELECT命令が実行できると、その結果が戻ってきます。文法エラーの場合は「文法エラーです」みたいな表示がされるだけですが、ちゃんと実行できると、表形式で結果が戻されます。

実行させたSELECT命令は、売上テーブルのデータを全て取得するものです。

丸山君が前もって売上テーブルを作成してくれていたおかげで、部長は無事に結果を得ることができました。付属のSQL実行ツールにはあらかじめ売上テーブルが作成済なので、こちらでもエラーなく実行させることができます。

実行結果のところに、表形式で売上テーブルのデータが表示されていれば、ちゃんと実行できています。

その他のデータベースを使用している読者の方は「売上テーブルが存在しない」といった類のエラーになります。ご了承ください。

実行結果の表

実行結果は次のイラストのように**表形式で表示**されます。これはどのクライアントでも同じような表示形式になるでしょう。

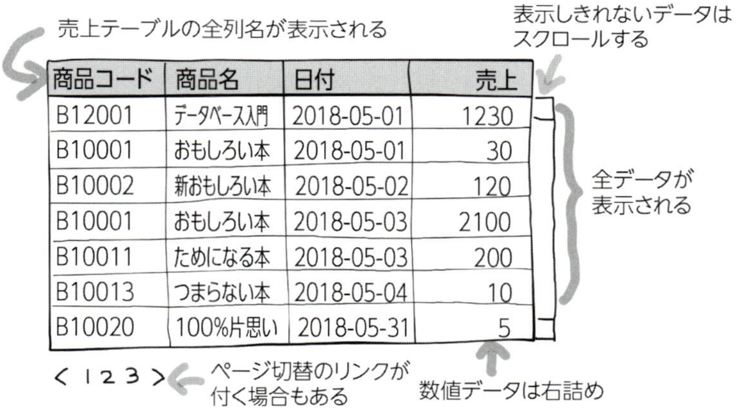

売上テーブルの全列名が表示される

表示しきれないデータはスクロールする

商品コード	商品名	日付	売上
B12001	データベース入門	2018-05-01	1230
B10001	おもしろい本	2018-05-01	30
B10002	新おもしろい本	2018-05-02	120
B10001	おもしろい本	2018-05-03	2100
B10011	ためになる本	2018-05-03	200
B10013	つまらない本	2018-05-04	10
B10020	100%片思い	2018-05-31	5

全データが表示される

< 1 2 3 > ページ切替のリンクが付く場合もある

数値データは右詰め

売上テーブルには商品コード、商品名、日付、売上の4つの列があります。「SELECT *」としているため、売上テーブルの全列が表示されます。列名が表のヘッダとして表示され、その下には各列のデータが並んで表示されます。もしデータ量が多いならば、表示しきれない部分はスクロールして表示するような感じになります。Webブラウザを使っているようなクライアントでは「次ページへ」のようなリンクがある場合もあります。

データ型が数値型である部分は右詰めで表示されることが多いです。文字列型や日付型は左詰めです。

2-2 SELECT命令を構成する要素を把握してみよう

無事SELECT命令を実行できた部長ですが、まだまだ疑問だらけのようです。さっそく丸山君に質問しています。

1 FROMってなに？

SELECT命令のFROMの部分がなにを意味しているのかわからないようです。

皆さんは部長のような間違いはしないと思いますが、ちゃんと解説しておきます。SELECT命令は、テーブルに格納されているデータを全部表示させる命令なのですが、その際に**どのテーブルのデータがほしいのかをFROMの次にテーブル名を書いて指定**します。FROMは「〜から」を意味する英単語です。

どのテーブルからデータがほしいのかは、そのつど変わるので、文法を説明する際は、丸山君のように「テーブル名を書いてください」といわれることが多いでしょう。それを真に受けそのまま「SELECT * FROM テーブル名;」と書いても実行エラーになります。

「テーブル名」という名前のテーブルが作成されていれば話は別ですが…。

SELECT句とFROM句

さて、FROMから始まるテーブルの指定部分は「FROM句」と呼ばれる部分になります。実行したSELECT命令文は、次のイラストのように2つの部分に分割できます。

SELECT句とFROM句の2つの部分に細分されます。句は、SELECTやFROMなどの命令のキーワードとなる予約語で区切られます。分割されたときの予約語でなに句であるのかが決定します。FROMから始まっていればFROM句です。

句を書く順番と回数

命令文において各句を書く順番は決まっています。前ページのイラストでは、SELECT句とFROM句の2つの句からSELECT命令が構成されていますが、SELECT句、FROM句の順番で書く必要があります。「FROM 売上 SELECT *;」とは書けないのです。

また、命令文中に句は1回だけ登場させることができます。1つの命令文で**FROM句の部分は1つだけ**になります。「SELECT * FROM 売上 FROM 商品」のようにFROM句が2つになってはいけません。

SELECT句→FROM句の順番で書く

SELECT * FROM売上 FROM商品;

句の省略

句は省略できる場合があります。SELECT句は省略できませんが、**FROM句は省略可能**です。「SELECT 1+2;」のようにFROM句を省略して書かなくてもよい場合があります。FROM句が省略できないデータベースもあるので注意しましょう。SQLの方言の問題ですね。

SELECT句、FROM句以外にもいくつかの句があります。たとえば抽出条件を指定するためのWHERE句が筆頭に挙げられますが、WHERE句（68ページ）は省略可能です。SELECT句とFROM句しかないSELECT命令では「ほかの句は省略されている」ということです。

2 ;ってなに？

FROMについては納得できたようですが、今度はなぞの記号；に引っかかっています。

プログラマーの方にはおなじみの**；（セミコロン）**ですが、部長は読み方もわからなかったようです。顔文字ではよく使われたりしますが、日本語の文章ではあまり使いませんよね、セミコロン。

丸山君のいうとおりSQLでは命令文の終わりにセミコロンを書きます。**セミコロンまでが1つの命令文**になります。

キーボードには似たような記号が並んであります。Lキーの隣がセミコロンです。セミコロンの隣は：（コロン）なので注意してください。

セミコロンは省略できる

実はGUIクライアントでは命令文が1つだけ書いてある状態なら、セミコロンを書かなくてもエラーになりません。付属のSQL実行ツールでもセミコロンなしで実行できます。

CUIクライアントではセミコロンまでが命令文であるとみなされますのでセミコロンを書かないと実行されません。セミコロンを書かずに Enter で改行しても実行されず入力モードのままになります。

そんなときは、セミコロンだけ入力して Enter で改行すれば実行させることができます。

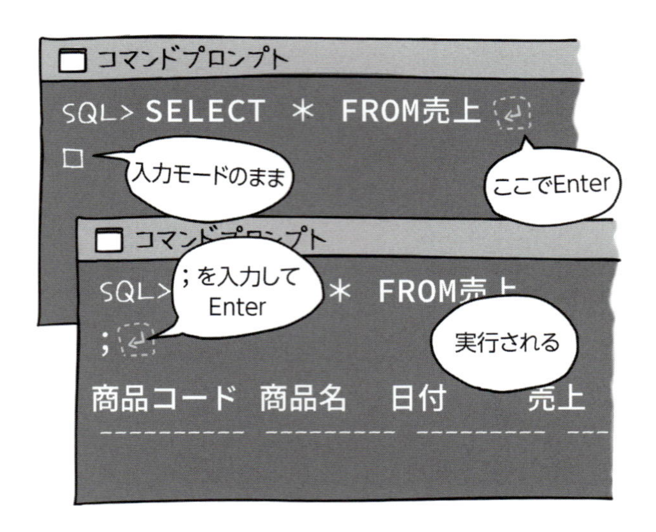

GUIクライアントでも複数のSQL命令が書かれている場合、セミコロンで区切る必要があります。CUI、GUIのどちらのクライアントでも実行できるように**命令文の最後にはセミコロンを付けるようにしたほうがよい**でしょう。

非手続き型言語と手続き型言語

Javaとか C言語のような普通のプログラミング言語では、いくつもの命令文を書いて目的の処理ができるようにしていきます。命令文といってもくり返し命令や条件分岐命令といったさまざまな種類があり、それらを組み合わせて複雑な処理ができるようにしていくわけです。このようなプログラミング言語はさまざまな手続きを踏んでプログラムを作っていくことから**手続き型言語**と呼ばれています。

SQLはプログラミング言語としては特殊な面を持っていて、1つの命令文で目的の処理が終了してしまいます。つまり、いくつもの命令文を組み合わせる必要がないのです。このような特性からSQLは**非手続き型言語**と呼ばれています。

もっとかんたんにいうのなら、C言語などの手続き型言語は命令文がたくさん書かれているのに対して、非手続き型言語であるSQLでは命令文は1つだけで用が足りてしまうことが多いのです。

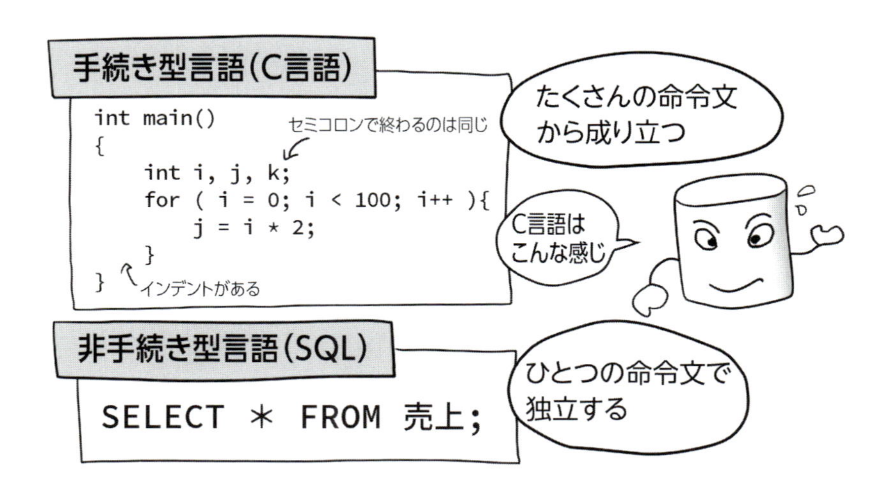

3 予約語ってなに？

参考書を読んでいる部長ですが、わからない用語があるようですね。

丸山君のいうとおり命令文の中に書いてあるもののうち、キーワードとなるような単語が予約語です。今までに出てきた中では**SELECTやFROMが予約語**です。売上はテーブル名なので予約語ではありません。

SQLの参考書や説明書では、予約語とテーブル名などの名前をフォントで区別していることが多いと思います。よく予約語は太字、名前などの任意の文節は斜体になっていたりします。

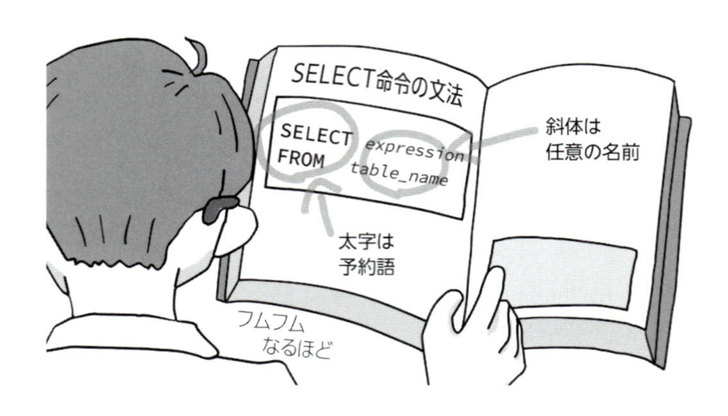

GUIクライアントにおける予約語

データベースソフトにもよりますが、GUIで操作できるクライアントであれば、予約語が色分けされて表示されることもあります。**予約語は青で表示される**ことが多いです。付属のSQL実行ツールでもSELECTなどの予約語は青色で表示されます。

予約されているとどうなる

部長は半信半疑であるようですが、予約語は本当に予約されています。予約されているとどうなるかというと、テーブル名で使えなくなります（無理すれば使えるんですがこれはあとで説明します）。

「システムで使うので使わないでくださいね」という意味で予約語なのです。

SELECTが予約語であるため、SELECTという名前のテーブルは作成できません。仮に作成できたとして、SELECT命令でテーブルの内容を取得しようとすると、次のようにおかしなSELECT命令となりうまくいきません。

```
SELECT * FROM SELECT;
```

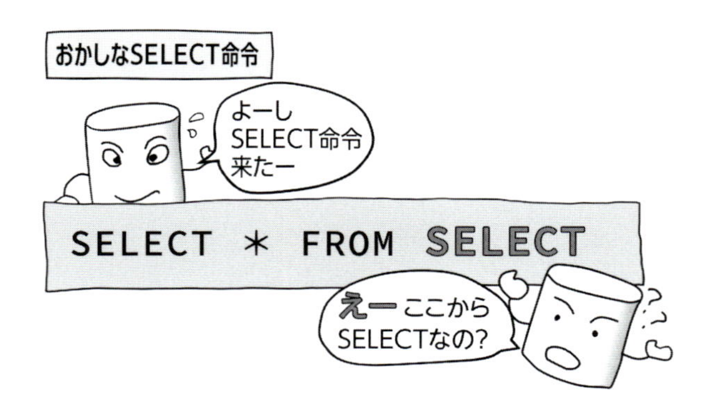

DB君としては、SELECT命令を実行しようとがんばりますが、本来テーブル名の指定であるべきところにキーワードであるSELECTが入ってくるので、ここで混乱しエラーになります。

その他の予約語

今までに出てきた予約語はSELECT、FROM、INSERT、UPDATE、DELETEの5つですが、これらのほかにもたくさんの予約語があります。たとえば、次の章で紹介するWHEREやORDER、GROUP、BYといった単語も予約語です。どれも英単語なので、日本語の名前を付けている分には予約語を意識しなくても問題ないと思います。

さらに補足として、予約語を含むような名前は大丈夫です。たとえば、「SELECT_TABLE」のように一部分が予約語となっているのであればなんの問題もありません。

予約語と同じ名前のテーブルにするには

それでも、どうしても予約語として予約されている単語をテーブル名として使いたい、という場合もあるかと思います。

そういった場合は、**"で囲むと予約語ではなく名前である**とみなされるようになります。SELECTという名前のテーブルであれば、次のようにすればエラーにはなりません。

```
SELECT * FROM "SELECT";
```

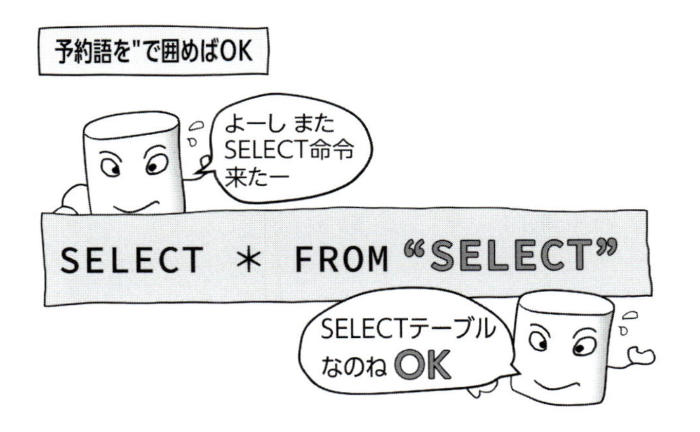

"で囲む方法は標準SQLで決められたやり方です。データベースの方言で`（バッククォート）で囲んだり、[]で囲んだりする場合があるので注意しましょう。

上記のSELECT命令を実行してもSELECTテーブルが存在しないので「テーブル"SELECT"が見つかりません」のエラーになります。

第2章のまとめ

SQL命令はDML DDL DCLの3つに分類することができます

DMLはCRUDを実現できるSQL命令でSELECT INSERT UPDATEDELETEの4つの基本命令があります

SQLでは予約語や記号を半角文字で入力します

SELECT命令はSELECT句とFROM句に細分されます

データを絞り込んでみよう

SELECT句を使ってデータを抽出してみよう

SELECT命令はテーブルからデータを抽出する命令でした。どのようなことができるのか詳細に見ていきましょう。

1 SELECT句で列指定をしてみよう

売上テーブルのデータをSELECTで表示させることに成功した部長ですが、どうも欲しくないデータがあるようです。

部長がいっているように、テーブルの全部の列を見る必要がない場合も多くあります。商品コードの列にはその商品を特定するための番号がデータとして入力されていますが、部長としては必要のない情報なので表示して欲しくないのです。

SELECT句では、テーブルの全列を抽出するように*(**アスタリスク**)を指定していました。丸山君がいっているように*の部分を列指定に変更すれば、**ほしい列だけに限定**してデータを取得することができます。

列指定の方法

SELECT句での列指定はかんたんです。単に列名をつらつらと書いていけばよいだけの話です。商品名と日付それに売上の列だけを取得したいので、これらを並べて書いて列指定します。**並べて書くときに半角のカンマで区切る**ようにします。スペースではなくカンマになるところに注意しましょう。全角のカンマでもダメです。

列指定するときの注意点

SELECT句での列指定は最低でも1つはないとエラーになります。どの列のデータも必要ない、ということならSELECT命令を実行する意味がありません。SELECT句で列指定するときによくやってしまうミスに、最後によけいなカンマを付けてしまうことがあります。また列名を間違えてもエラーになります。列指定するときはこれらの点に注意しましょう。

なにもないのはエラー

```
SELECT FROM 売上;
SELECT 商品名,日付,売上, FROM 売上;
SELECT 謎の列 FROM 売上;
```

カンマがよけい

存在しない列は指定できない

列指定すると、指定された列のみが結果として戻されるようになります。

商品名	日付	売上
データベース入門	2018-05-01	1230
おもしろい本	2018-05-01	30
新おもしろい本	2018-05-02	120
おもしろい本	2018-05-03	2100
ためになる本	2018-05-03	200
つまらない本	2018-05-04	10
100%片思い	2018-05-31	5

今回は引っかかることなく実行できたようです。思ったとおりの結果を得ることができ、思わずガッツポーズが出てしまいました。

列指定での列の順番

部長は、商品コードの列だけを外したいと思ったので、商品コード以外の列を列指定しました。その際に**列名を書く順番を変更することで、結果を得る横の並び順を変える**こともできます。

たとえば「SELECT 日付,商品名,売上 FROM 売上」のように列指定すれば、結果の表も日付がいちばん左にきて、商品名、売上の順番で表示されます。

```
SELECT 日付,商品名,売上 FROM 売上;
```

列指定の順番どおり

日付	商品名	売上
2018-05-01	データベース入門	1230
2018-05-02	おもしろい本	30
2018-05-02	新おもしろい本	120

2 読みやすく書く

SELECT句での列指定にかんたんに成功してしまった部長です。しかしながらスペースの入れ方に納得していないようです。

カンマは区切り文字になりますのでスペースを入れて区切る必要はありません。これは「SELECT*FROM」と*の前後にスペースを入れなくてもOKなのと同じです。また、同じ理屈で;(セミコロン)の前後にスペースを入れる必要もありません。

ただ、カンマのあとにスペースを入れて間を空けるとよみやすくなるので、そのように書く人もいます。

SELECT 商品名,日付,売上 FROM 売上;

ここのスペースは必須

SELECT 商品名, 日付, 売上 FROM 売上;

ここのスペースは任意

3 改行してもOK

スペースの入れ方にまだ自信がない部長ですが、もっとわかりやすく書きたいようです。

SQL命令は1つの命令文が長くなりがちです。列指定をすることで、横に長くなってしまいました。部長のように超巨大文字でディスプレイ設定している人はあまり見かけませんが、SQL命令の入力エリアが小さかったりすると、はみ出してしまうこともあると思います。

そんなときは、命令の途中で改行してしまいましょう。**改行はEnterで行う**ことができます。

```
SELECT 商品名, 日付, 売上 ↵
FROM 売上;
```

ここでEnter
して改行

改行もスペースと同じように区切り文字となります。ですから、売上とFROMの間にスペースは必要ありません。スペースがあっても問題にはならないので、あとから改行を入れるようなときには残しておいてもかまいません。

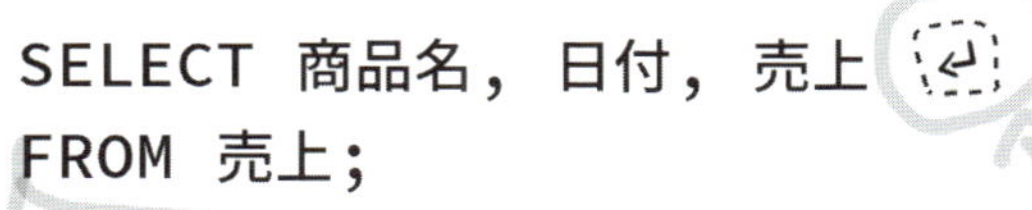

改行は区切り文字となりますので、**予約語の途中で改行することはできません**。

スペースはいくつ書いてもかまわないので予約語の文字数をそろえるような書き方をする人もいます。ただし、等幅のフォントでないときっちりとはそろいませんので気に入った書き方でOKです。

WHERE句を使って データを抽出してみよう

SELECT命令ではテーブルからデータ行を抽出することもできます。ここでは WHERE句でのデータの抽出について見てみましょう。

1 WHERE句を書いてみよう

SELECT命令でデータを取得することに慣れてきた部長です。基本的な命令文の書き方もわかってきました。

おや、今度は機能的なことに関する質問のようです。

部長は一応営業部の部長なので、売上が気になります。売上が多い商品だけを検索してみたいと思っているようです。

列を限定する場合は、SELECT句で列指定すればよかったのですが、行を限定するときは**WHERE句**を使います。WHERE（ホエア）は日本語に訳すと「どこ」ですよね。テーブルの「どこ」にある行を抽出すればよいのかを指定する句が

WHERE句になります。

もっとかんたんにいえば**WHERE句で検索ができる**ということです。

SELECT句での列指定では列を限定することができます。WHERE句での条件指定では行を限定することになります。

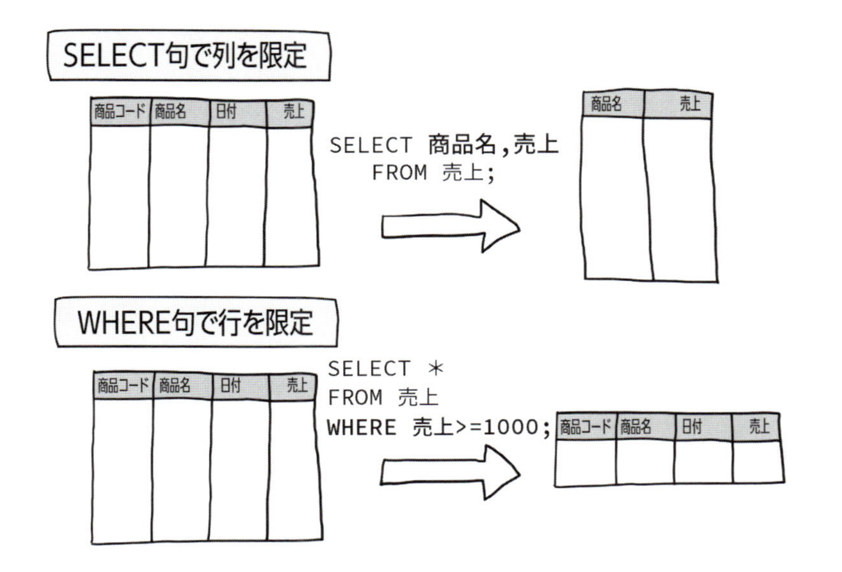

WHERE句はFROM句の次に記述します。SELECT句、FROM句、WHERE句の順番でSELECT命令を書きます。

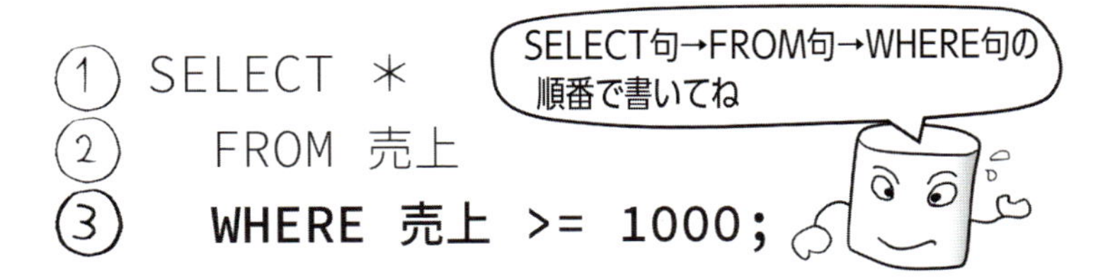

WHERE句ではキーワードであるWHEREのあとに条件式を書きます。条件式は列名や記号、定数からなる計算式です。ここでは、「売上が1000以上」となっている行だけを抽出したいので、「売上 >= 1000」といった計算式を条件とします。

実行すべきSELECT命令は次のようになります。

```
SELECT * FROM 売上 WHERE 売上 >= 1000;
```

商品コード	商品名	日付	売上
B12001	データベース入門	2018-05-01	1230
B10001	おもしろい本	2018-05-01	30
B10002	新おもしろい本	2018-05-02	120
B10001	おもしろい本	2018-05-03	2100
B10011	ためになる本	2018-05-03	200
B10013	つまらない本	2018-05-04	10
B10020	100%片思い	2018-05-31	5

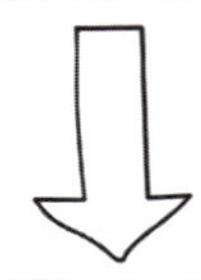

```
SELECT * FROM 売上
WHERE 売上 >= 1000;
```

商品コード	商品名	日付	売上
B12001	データベース入門	2018-05-01	1230
B10001	おもしろい本	2018-05-03	2100

売上が1000以上の
行だけが抽出される

部長が思ったように、WHERE句で条件を付けると、条件に合った行だけが抽出されるので、フィルターをかけたような結果になります。

Excelのフィルター機能とWHERE句の役割は同じです。

2 条件式ってなに？

SELECT命令のWHERE句を使って「売上が1000以上である」といった条件でデータを取ってくることに成功しました。ですが、条件式に書いてある>=がよくわからないようです。いわゆる演算子と呼ばれる記号です。

Excelのフィルター機能でも、条件を付けることが可能ですが、演算子ではなく「より大きい」とか「等しい」といった文章での条件指定になっています。SQLはプログラミング言語であるため、記号を使った演算子で条件を記述できるようになっています。

Excelフィルターでの条件付け

数値フィルター(F) ▸

- 指定の値に等しい
- 指定の値に等しくない
- 指定の値より大きい
- 指定の値以上
- 指定の値より小さい
- 指定の値以下

文章による条件

SQLでの条件付け(演算子)

=	等しい
<>	等しくない
>	より大きい
>=	以上
<	より小さい
<=	以下

記号による条件

記号「>」は大なりと読みます。「=」はイコールですね。「>=」で大なりイコールと読みます。>=で1つの演算子になります。

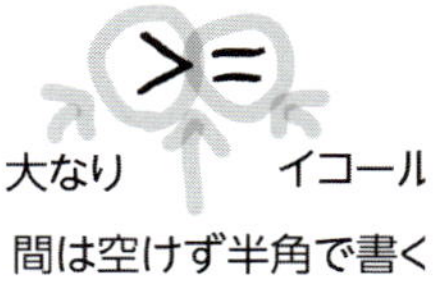

>と=の間にスペースを入れてはいけません。もちろん>と=は半角で書かないとエラーになります。

>=
大なり
イコール
間は空けず半角で書く

比較演算子

条件付けのパターンはいろいろあると思うのですが、演算子の左側には列名を書いて、演算子の右側に定数を書くのが一般的です。演算子の種類を変更することで、さまざまな条件に変化させることが可能になります。

売上 = 200 200と等しい

商品コード	商品名	日付	売上
B10011	ためになる本	2018-05-03	200

売上 <> 200 200と等しくない

商品コード	商品名	日付	売上
B12001	データベース入門	2018-05-01	1230
B10001	おもしろい本	2018-05-01	30
B10002	新おもしろい本	2018-05-02	120
B10001	おもしろい本	2018-05-03	2100
B10013	つまらない本	2018-05-04	10
B10020	100%片思い	2018-05-31	5

売上 > 200 200より大きい(200は含まない)

商品コード	商品名	日付	売上
B12001	データベース入門	2018-05-01	1230
B10001	おもしろい本	2018-05-03	2100

売上 >= 200 200以上(200を含む)

商品コード	商品名	日付	売上
B12001	データベース入門	2018-05-01	1230
B10001	おもしろい本	2018-05-03	2100
B10011	ためになる本	2018-05-03	200

売上 < 200 200より小さい(200は含まない)

商品コード	商品名	日付	売上
B10001	おもしろい本	2018-05-01	30
B10002	新おもしろい本	2018-05-02	120
B10013	つまらない本	2018-05-04	10
B10020	100%片思い	2018-05-31	5

売上 <= 200 200以下(200を含む)

商品コード	商品名	日付	売上
B10001	おもしろい本	2018-05-01	30
B10002	新おもしろい本	2018-05-02	120
B10011	ためになる本	2018-05-03	200
B10013	つまらない本	2018-05-04	10
B10020	100%片思い	2018-05-31	5

演算子を変更することで
条件が変わる

上記のイラストに描かれている=や<>は**比較演算子**という種類の演算子になります。演算子といってもいろいろな種類あるわけですが、**比較演算子は2つの値を比較**する計算を行う演算子になります。

条件式は真/偽を戻す

条件式は比較演算子などを使った式で、答えとして「はい」か「いいえ」が戻されるような式のことをいいます。「はい」のような肯定の結果は、**真**や**TRUE（トゥルー）**と呼ばれます。反対に「いいえ」などの否定の結果は**偽**や**FALSE（フォルス）**と呼ばれます。

TRUEとFALSEはSQLでの予約語でもあり、論理型のリテラル（定数）になっています。

WHERE句には条件式でない式を書いても意味がありません。場合によってはエラーになることもあります。WHERE句には比較演算子を使った条件式を書くもの、と覚えておいてください。

3 リテラルってなに？

条件式に使われる比較演算子について、参考書で復習中の部長です。聞きなれない用語であるリテラルに引っかかっています。

WHERE句で指定した条件式は「売上が1000以上であるもの」という感じでした。SQLでの式にすると「売上>=1000」となります。売上は列名で、どの列のデータを比較するかを指定するものです。>=は比較を行うための演算子でしたね。残りの1000がリテラルであり、条件式「1000以上」の1000を意味するものになります。

難しく考えずに、**式中の列名でも演算子でもなく、単に数字が書いてある部分がリテラル**であると思ってください。また、GUIのクライアントツールならリテラル部分の色が変化します。

数値型のリテラル

列にデータ型があったように、リテラル（定数）にも型があります。**数字だけを並べて書くと数値型のリテラル**になります。数字以外に、小数点の.（ドット）は許容されますが、,（カンマ）はダメです。負の値は先頭にマイナス記号を付けます。

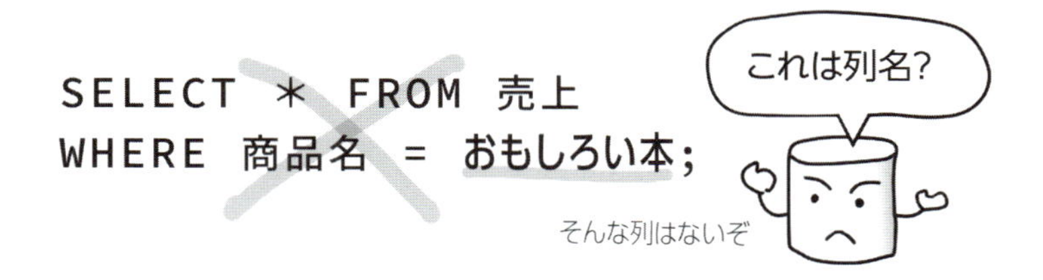

文字列型のリテラル

商品名の列は文字列型です。この列には文字列データが含まれています。商品名が「おもしろい本」であるデータだけをWHERE句を使って抽出したいと考えたとします。そこで次のようなクエリを実行したとしましょう。

```
SELECT * FROM 売上
WHERE 商品名 = おもしろい本;
```


このクエリはエラーになります。なぜかというと「おもしろい本」が列名だと認識されてしまい、うまくいきません。

文字列型のリテラルは'（シングルクォーテーション）で囲むと決まっています。なので、次のようにすれば「おもしろい本」を検索することができます。

```
SELECT * FROM 売上 WHERE 商品名 = 'おもしろい本';
```

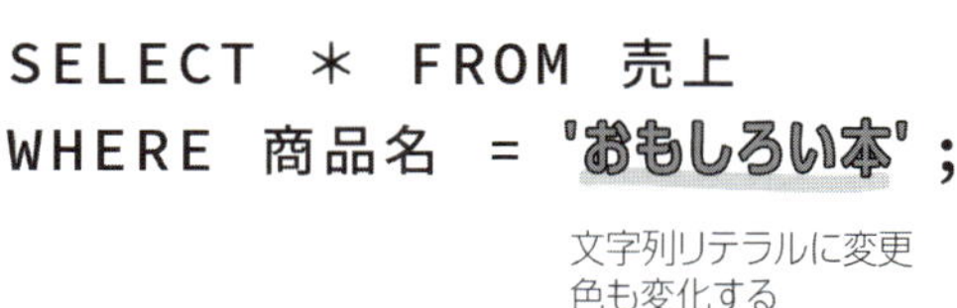

日付型のリテラル

データ型には日付型もあります。売上テーブルでは日付の列が日付型です。**日付型のリテラルも'で囲み**ます。年は西暦の4桁で表記するのが一般的です。月は1～12の間で指定できます。日は1～31ですね。**年月日の区切りは-（ハイフン）や/（スラッシュ）**を使います。

存在しない日付はエラーになります。'2018-02-31'はエラーです。

月や日が2桁になっていないとエラーになる場合もあるので、きっちりと1～9までの月日は先頭に0を付けて01～09と表記したほうがよいと思います。

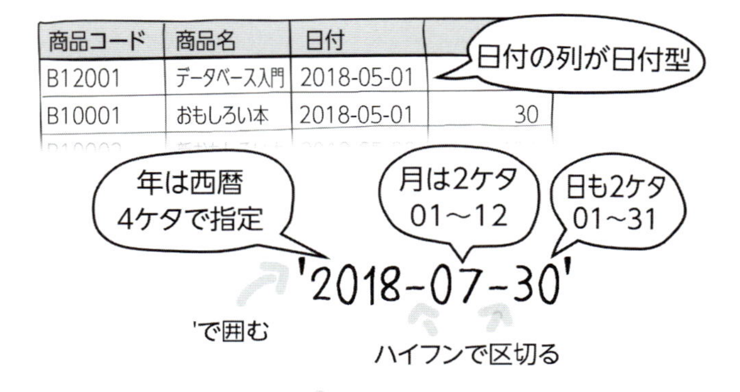

型の不一致と型変換

売上列は数値データが入った数値型の列です。ここまでは数値型のリテラルである「1000」と比較してきましたが、文字列リテラルと比較したらどうなるでしょうか？

```
SELECT * FROM 売上 WHERE 売上>='1,000個';
```

このクエリはエラーになります。**数値型である売上列と文字列型である「'1,000個'」との比較はできません**。

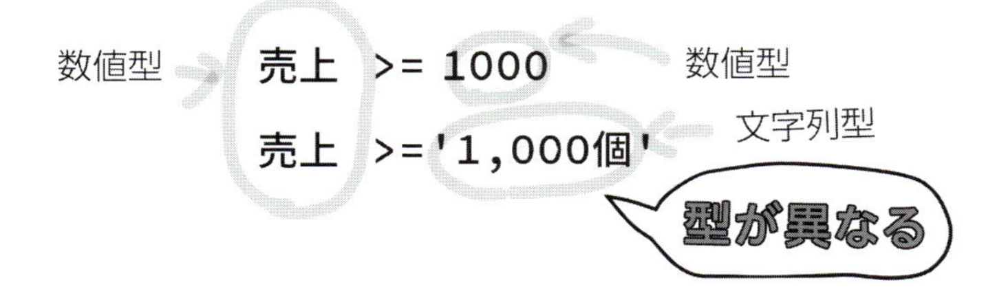

演算子の左右でデータ型が異なるときは、**型変換**が行われます。

文字列型である「'1,000個'」を数値型に変換しようとするわけです。しかし「'1,000個'」にはカンマや単位が入っているため数値に変換することができません。そのため「データ変換エラー」といった類のエラーが発生してしまうのです。

データ型が異なっていても、データ変換がうまくいけば実行できます。次のようにクエリを変更すれば、実行可能です。

```
SELECT * FROM 売上 WHERE 売上>='1000';
```

ここでは、データ型変換の様子を説明するため、異なる型での比較をしてみました。通常は**同じ型どうしで比較を行い、データ型の変換が発生しないように注意しましょう**。

第3章のまとめ

SELECT句で抽出する列を指定できます

WHERE句の条件でデータを抽出することができます

いろいろな条件で検索してみよう

第4章でやること

1 条件式を組み合わせてみよう

2 あいまい検索してみよう

3 その他の検索を見てみよう

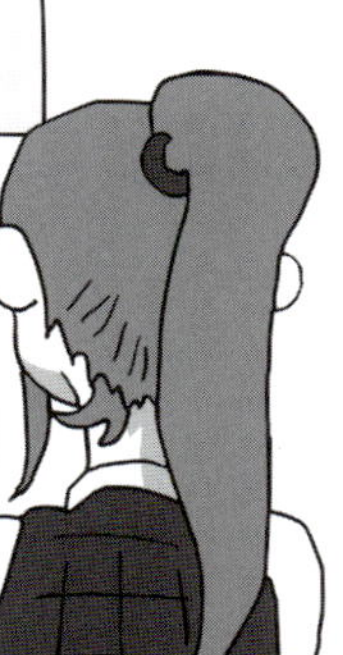

条件式を組み合わせてみよう

データ行を抽出する条件を複数組み合わせることもできます。複数の条件式を組み合わせることで、より便利な検索を行うことができます。

1 条件を増やしてみよう

クエリの代名詞、SELECT命令を実行することにずいぶんと慣れた様子の部長です。しかし、まだまだ丸山君の手助けが必要なようです。

丸山君の説明は少々荒っぽいですね。いきなり「ANDでつなげる」とかいわれてもよくわからないですよね。部長のやりたいことを整理していきましょう。

部長は2つの条件を組み合わせて1つの条件にしたいと考えています。1つは「日付が'2018-05-03'となっている」という条件です。もう1つは「売上が1000以上」ですね。これらの条件が「両方とも真である」データがほしいと思っているわけです。

データ量が少ないですから検索するまでもなく部長は見つけてしまいました。「おもしろい本」のデータが2つの条件に一致する行になります。

条件式をANDでつなげる

では、2つの条件式をANDでつなげるクエリを実際に書いてみましょう。「日付が'2018-05-03'となっている」の条件は次のように書くことができます。

```
日付 = '2018-05-03'
```

日付が'2018-05-03'となっているの条件

商品コード	商品名	日付	売上
B10001	おもしろい本	2018-05-03	2100
B10011	ためになる本	2018-05-03	200

日付の列は、日付型ですから日付型のリテラルと比較しなければなりません。もう1つは「売上が1000以上」の条件です。これは前にもやりました。

```
売上 >= 1000
```

売上が1000以上の条件

商品コード	商品名	日付	売上
B12001	データベース入門	2018-05-01	1230
B10001	おもしろい本	2018-05-03	2100

ですね。これら**2つの条件をANDでつなげて書けばよい**のです。ANDの左右にそれぞれの条件を書くようにします。ANDは予約語なのでキーワードとして認識されるように前後にスペースを入れましょう。

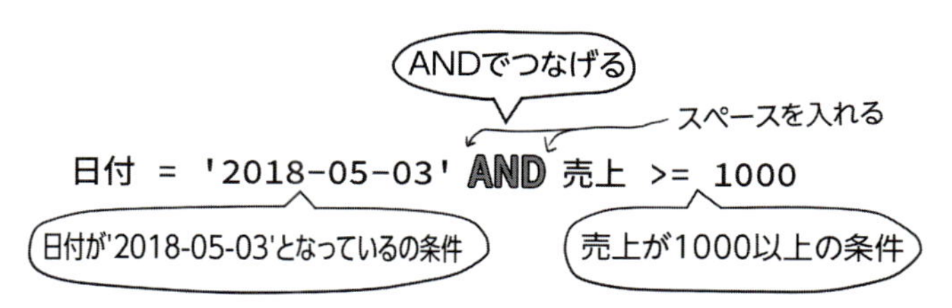

商品コード	商品名	日付	売上
B10001	おもしろい本	2018-05-03	2100

でき上がった条件式をWHERE句に書けばクエリの完成です。

```
SELECT * FROM 売上
WHERE 日付='2018-05-03' AND 売上>=1000;
```

商品コード	商品名	日付	売上
B12001	データベース入門	2018-05-01	1230
B10001	おもしろい本	2018-05-01	30
B10002	新おもしろい本	2018-05-02	120
B10001	おもしろい本	2018-05-03	2100
B10011	ためになる本	2018-05-03	200
B10013	つまらない本	2018-05-04	10
B10020	100%片思い	2018-05-31	5

```
SELECT * FROM 売上
WHERE 日付='2018-05-03' AND 売上>=1000;
```

商品コード	商品名	日付	売上
B10001	おもしろい本	2018-05-03	2100

日付が'2018-05-03'
かつ売上が1000以上の
行だけが抽出される

ベン図でANDを考える

丸山君のいうとおりANDによる条件の組み合わせは図で考えるとわかりやすいと思います。まずは次のイラストを見てください。

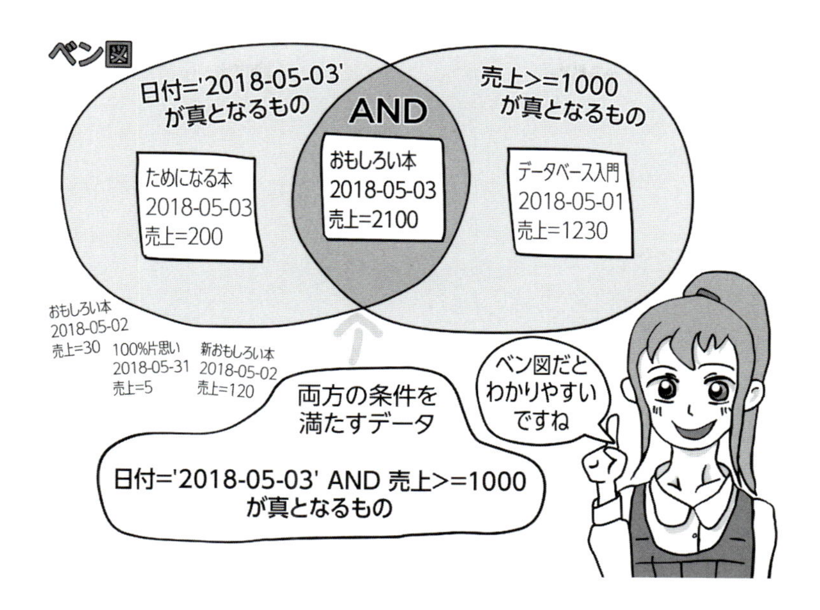

円は条件を満たすデータの集まりを図示したものです。**円の中にいくつかのデータがありますが、これらのデータがその条件を満たしている**ということです。円の外側にあるデータは条件式の答えが偽となったデータになります。

条件が2つありますので円も2つあります。2つの条件の円が重なり合っている部分が**ANDでつなげた条件式全体が真となる**部分になります。

こんな感じで条件式をANDでつなげていくと条件が厳しくなっていきます。おのずと得られるデータもどんどん絞り込まれていくことになります。

2 条件式の値のほうを増やしてみよう

2つの条件を組み合わせてデータを絞り込むことに成功した部長です。今回はどうやら少し違った検索をしたいみたいです。

条件式を組み合わせるときには、2つの条件をANDでつなぐのか**OR(オア)**でつなぐのかを選択することができます。Excelのフィルター機能で条件式を複数指定することができますが、ここでもANDとORの選択肢があるのでご存じの方も多いと思います。

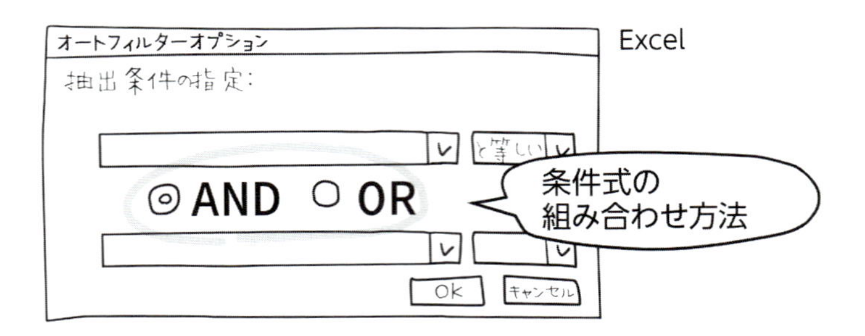

SQLでも条件式をANDとORのどちらかでつなげることが可能です。ANDは前にやった組み合わせ方法ですね。ANDのときは両方の条件式がともに真とな

る必要があったのに対して、ORのときは**どちらかの条件式が真であればよい**ことになります。

部長は、日付が'2018-05-01'または'2018-05-03'となっているデータがほしいと思っています。なのでまずは「'2018-05-01'である」と「'2018-05-03'である」の条件式を考えてみます。

日付 = '2018-05-01'　（日付が'2018-05-01'の条件）

商品コード	商品名	日付	売上
B12001	データベース入門	2018-05-01	1230
B10001	おもしろい本	2018-05-01	30

日付 = '2018-05-03'　（日付が'2018-05-03'の条件）

商品コード	商品名	日付	売上
B10001	おもしろい本	2018-05-03	2100
B10011	ためになる本	2018-05-03	200

これらの両方を結果として得たいのです。2つの条件式のうち、どちらかが真であればよいのでこれらをORでつなげます。

商品コード	商品名	日付	売上
B12001	データベース入門	2018-05-01	1230
B10001	おもしろい本	2018-05-01	30
B10001	おもしろい本	2018-05-03	2100
B10011	ためになる本	2018-05-03	200

最終的にでき上がったクエリは次のようになります。

```
SELECT * FROM 売上
WHERE 日付='2018-05-01' OR 日付='2018-05-03';
```

商品コード	商品名	日付	売上
B12001	データベース入門	2018-05-01	1230
B10001	おもしろい本	2018-05-01	30
B10002	新おもしろい本	2018-05-02	120
B10001	おもしろい本	2018-05-03	2100
B10011	ためになる本	2018-05-03	200
B10013	つまらない本	2018-05-04	10
B10020	100%片思い	2018-05-31	5

```
SELECT * FROM 売上
WHERE 日付='2018-05-01' OR 日付='2018-05-03';
```

商品コード	商品名	日付	売上
B12001	データベース入門	2018-05-01	1230
B10001	おもしろい本	2018-05-01	30
B10001	おもしろい本	2018-05-03	2100
B10011	ためになる本	2018-05-03	200

日付が'2018-05-01'
または'2018-05-03'の
行だけが抽出される

ORの左右は条件式

ANDでもそうですが、OR演算子の左右は条件式になっている必要があります。ですから、日付が5/1または5/3であればよいと考え、次のような式に間違えてしまうことがあります。

```
日付 = '2018-05-01' OR '2018-05-03'
```

条件式になっていない

このような条件式はエラーとなり実行できないか、常に真となってしまうので誤った記述になります。**リテラルのみでは条件式にはなりません**。比較演算子と組み合わせて条件式にしたうえでORとつなげましょう。

ベン図でORを考える

ということで、ORをベン図にしてみましょう。

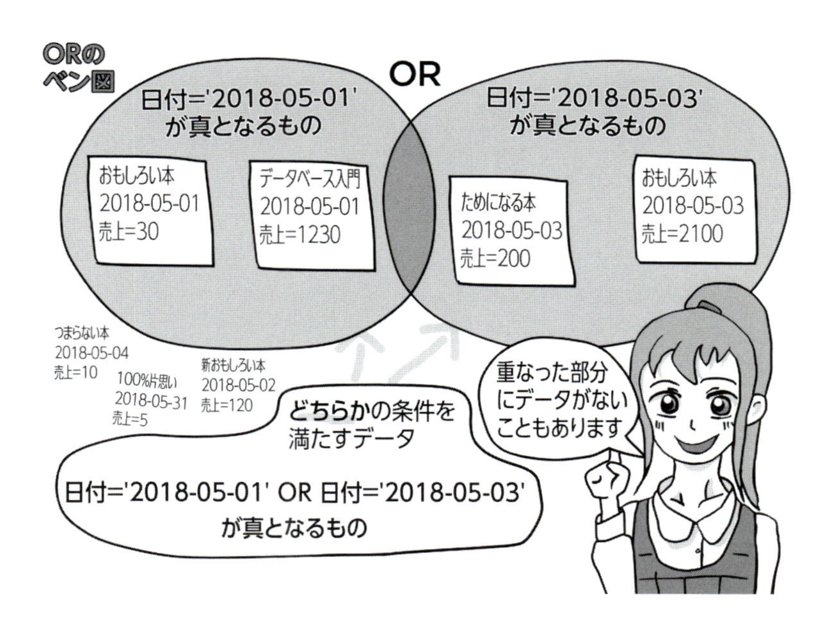

ベン図の見方はANDのときと同じで、円の中にその条件が真となるデータが入っています。日付の値が同時に'2018-05-01'でもあり'2018-05-03'でもあるということはあり得ないので、ORの場合円が重なった部分にデータがないこともあります。ANDのときは重なり合った部分であったわけですが、**ORのときは両方の円に含まれるデータが合わさって得られる**ことになります。

このように、条件式をORでつなげていくと、得られる結果がどんどん増えていくことになります。

3 ANDとORの両方を使ってみよう

ANDとORを会得した部長ですが、さらに複雑な条件に挑戦したいようです。

やはり売上が気になる部長です。売上が少ない商品をテコ入れしようと考えているのでしょうか。前回までで、売上が1000以上の条件や日付が5/1か5/3といった条件をANDなりORでつなげて条件式としてきました。今回はANDとORの両方を使うことになります。

○ ベン図で考えてみる

丸山君は**ANDとORの組み合わせることで実現できる**といってますが、まずは部長がほしいデータをベン図で考えてみることにしましょう。日付が5/1か5/3のデータはORでつなげればOKでした。2つの円の中に条件に当てはまるデータを書いていけばよいでしょう。

もう1つ円を作って、売上が1000に満たないデータを入れていけばOKなのですが、実際にベン図を書くとき、データを書く位置が悪いときれいな円にならないので位置を調整しながら書くとよいと思います。

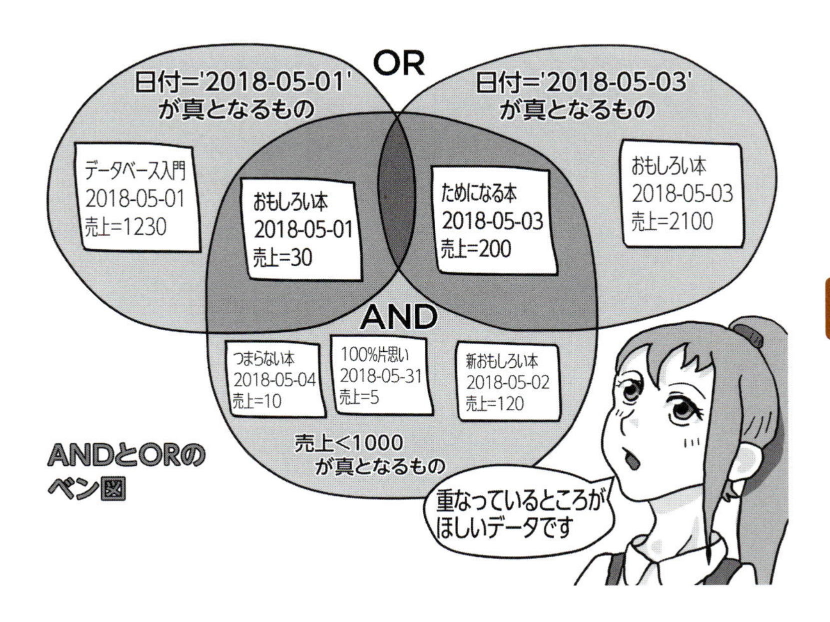

円が重なり合っている部分がほしいデータになります。各条件式をORとANDでつなげてクエリを作成して実行してみましょう。

```
SELECT * FROM 売上
WHERE 日付='2018-05-01' OR 日付='2018-05-03' AND 売上<1000;
```

```
SELECT ＊ FROM 売上
WHERE 日付='2018-05-01' OR 日付='2018-05-03'
AND 売上<1000;
```

⇩

実行結果

商品コード	商品名	日付	売上
B12001	データベース入門	2018-05-01	1230
B10001	おもしろい本	2018-05-01	30
B10011	ためになる本	2018-05-03	200

変?

1つデータが多い気がしますね。この問題は次で解説します。

ANDとORの優先順位

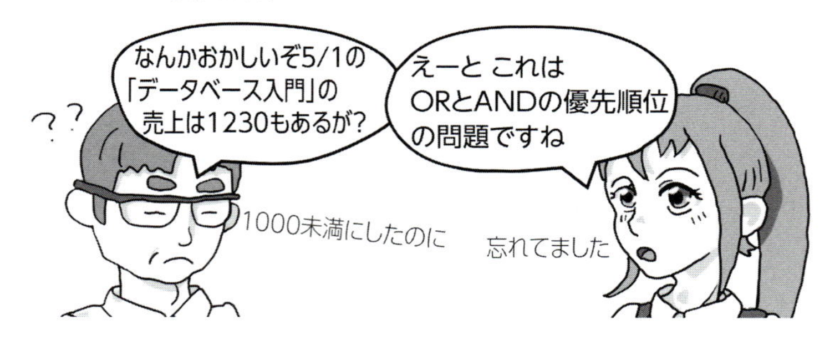

部長はあわててクエリを作ったので失敗してしまったようです。確かに「データベース入門」のデータは売上が1230もあるので1000未満ではありません。

ORとANDはどちらも演算子なのですが、**計算を行うときにどちらを先に計算するかといった優先順位が決められています。ORよりANDのほうが強い演算子なので先に計算されます。**

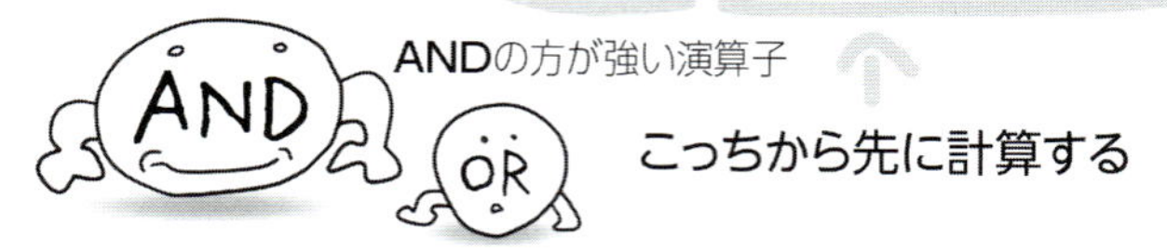

ベン図で書くのなら次のようになります。

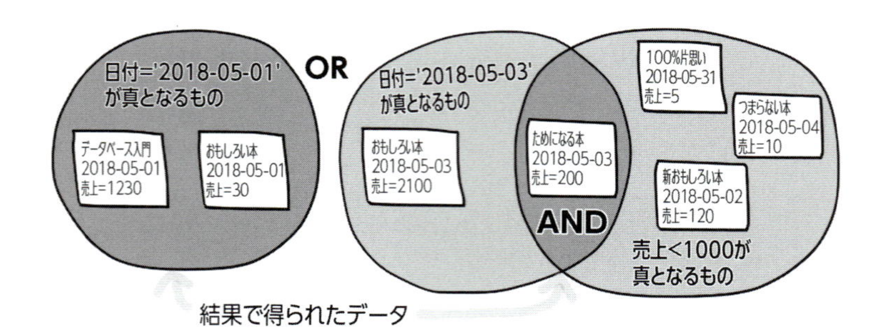

「データベース入門」のデータは「日付='2018-05-01'」の条件式だけに引っかかって抽出されているといえます。

優先順位を変更する

優先順位を変更するときは、丸括弧を使います。ORのほうを先に計算させたいのでORでつなげた条件式のほうを「(」と「)」で囲みます。

```
SELECT * FROM 売上
WHERE (日付='2018-05-01' OR 日付='2018-05-03') AND 売上<1000;
```

```
SELECT * FROM 売上
WHERE (日付='2018-05-01' OR 日付='2018-05-03')
AND 売上<1000;
```

括弧を付けてORの方から先に計算

実行結果

商品コード	商品名	日付	売上
B10001	おもしろい本	2018-05-01	30
B10011	ためになる本	2018-05-03	200

思ったとおりの結果を得ることができました。ベン図にしたらこんな感じになります。

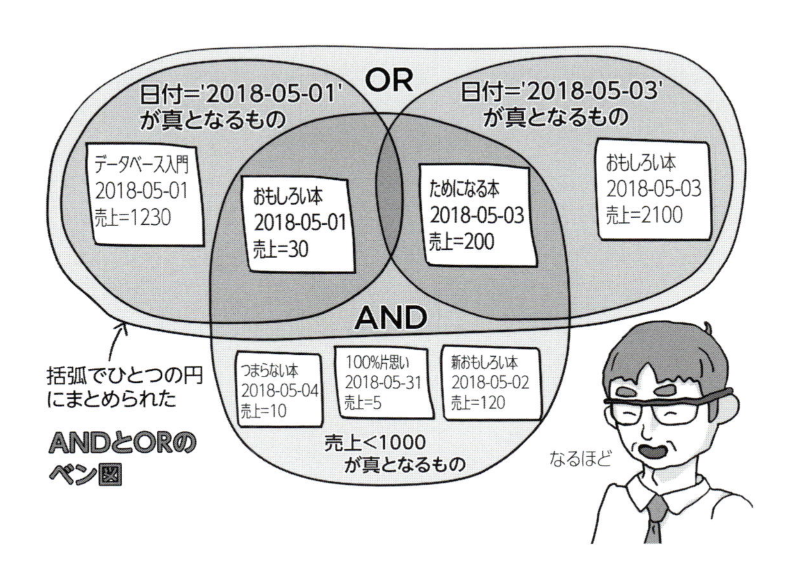

ANDとORのベン図

4 NOTで否定してみよう

ANDとORを復習中の部長です。ベン図の円の外側にあるデータが気になっているようです。

ベン図では円の内側にあるデータがその条件を満たしているデータになります。反対に円の外側にあるデータは条件を満たしていないデータということになります。

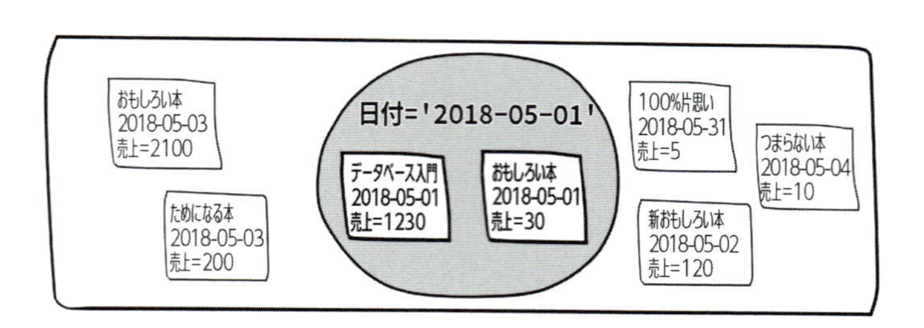

NOT（ノット）を条件式の前に付けると円の内側ではなく、円の外側のデータを検索できるようになります。

NOTを付けると真偽が反転すると覚えておくとよいと思います。

NOTはANDやORと同じく、真偽の論理値を戻す論理演算子になります。ただし、条件式を左右に書くのではなく、NOTの右側にしか条件式を書きません。また、優先順位はAND、ORよりも高いので論理演算子の中でいちばん強い演算子になります。

AND、ORを使った条件式の全体を反転させるためには丸括弧を付ける必要がありますので注意しましょう。部長が検索したかった円の外側にあるデータは次のクエリで抽出することができます。

```
SELECT * FROM 売上
WHERE NOT (日付='2018-05-01' OR 日付='2018-05-03');
```

```
SELECT * FROM 売上
WHERE NOT(日付='2018-05-01' OR 日付='2018-05-03');
```

NOTを付けて真偽を反転

括弧で囲む必要あり

商品コード	商品名	日付	売上
B10002	新おもしろい本	2018-05-02	120
B10013	つまらない本	2018-05-04	10
B10020	100%片思い	2018-05-31	5

実行結果

4-2 あいまい検索してみよう

条件を付ける際にあいまいに指定することもできます。キーワードを含むような検索のやり方があいまい検索です。

1 キーワードを含むものを検索してみよう

SELECTの便利さに目覚め始めた部長です。どうもあるキーワードを含むような検索をしてみたいようです。

部長はちょっと誤解していますね。**LIKE（ライク）**は「好き」っていう意味もありますが、SQLでの**LIKEは「〜のような」という意味**です。LIKEで似たような文字列を検索することができます。=での比較はそのものズバリでないと真にはなりませんが、LIKEを使うとちょっと条件をあいまいにして検索ができるようになるのです。

部長は「おもしろい本」シリーズである「おもしろい本」と「新おもしろい本」の両方を検索したいと考えています。なので、「おもしろい本」というキーワードが含まれているとき真になるような条件式にしたいのです。

商品名列のデータに「おもしろい本」といった**キーワードが含まれるような検索**を行いたいときは、次のようなクエリを実行すればよいでしょう。

```
SELECT * FROM 売上
WHERE 商品名 LIKE '%おもしろい本%';
```

商品コード	商品名	日付	売上
B12001	データベース入門	2018-05-01	1230
B10001	おもしろい本	2018-05-01	30
B10002	新おもしろい本	2018-05-02	120
B10001	おもしろい本	2018-05-03	2100
B10011	ためになる本	2018-05-03	200
B10013	つまらない本	2018-05-04	10
B10020	100%片思い	2018-05-31	5

```
SELECT * FROM 売上
WHERE 商品名 LIKE '%おもしろい本%';
```

商品コード	商品名	日付	売上
B10001	おもしろい本	2018-05-01	30
B10002	新おもしろい本	2018-05-02	120
B10001	おもしろい本	2018-05-03	2100

「LIKE '%おもしろい本%'」でキーワード「おもしろい本」を含むといった指示になります。

%の意味については次のページで解説します。

2 %ってなに?

LIKEでのあいまい検索に成功した部長ですが、%記号の意味がよくわかっていないようです。

```
SELECT * FROM 売上
WHERE 商品名 LIKE '%おもしろい本%';
```

丸山君のいうとおり**%はメタ文字で任意の文字列でよい部分を指定する**ものになります。Excelや一部のデータベースで*****がメタ文字である場合もあります。メタ文字は**ワイルドカード**と呼ばれることもあります。トランプなどのカードゲームでジョーカーのカードはほかのどのようなカードにもなりえるというルールがあったりしますよね。ジョーカーのような、どのカードにもなりえるカードをワイルドカードといいます。

%おもしろい本%

この部分は**なんでも良い**

ジョーカー(ワイルドカード)は**なんにでもなる**

DB君が検索処理を行う際に、%の部分はなんでもよいので、無視されることになります。「%おもしろい本%」と「新おもしろい本」を比較したときに「新」の部分は無視されるということです。

こういったメタ文字を使った検索処理は**パターンマッチング**と呼ばれます。メタ文字でパターン（様式）を作って、それに一致するかどうかを調べていくのがパターンマッチングです。

パターンの作り方にはいろいろありますが、よく使われるのは**部分一致**、**前方一致**、**後方一致**の3種類です。まず、部分一致ですが、これはすでにやったように、キーワードの前後に%を置くパターンです。

次に、前方一致ですがこれはキーワードのあとだけに%を付けます。後半部分が任意になるので**キーワードから始まる**といったパターンマッチングが行われます。

最後の後方一致では**キーワードで終わる**のパターンマッチングができます。

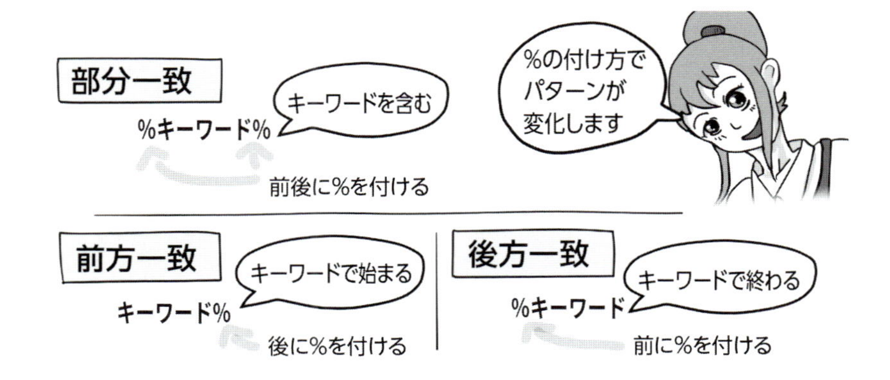

3 ほかのメタ文字

LIKEとメタ文字「%」の使い方をおぼえた部長です。ほかにもメタ文字があるのか興味があるようです。

丸山君のいうとおり_（アンダースコア）もメタ文字です。%が任意の文字列とマッチするのに対して、_は任意の1文字とマッチします。_を5個並べれば任意の5文字の文字列というパターンになります。

```
SELECT * FROM 売上 WHERE 商品名 LIKE '_____本';
```

```
SELECT * FROM 売上
WHERE 商品名 LIKE '_____本';
```

商品コード	商品名	日付	売上
B10001	おもしろい本	2018-05-01	30
B10001	おもしろい本	2018-05-03	2100
B10011	ためになる本	2018-05-03	200
B10013	つまらない本	2018-05-04	10

実行結果

4 LIKEで%を検索してみよう

ちょっとしたパラドックスにはまっている部長です。

丸山君にあっさりと答えを出されてしまいました。メタ文字を本来の文字としてパターンの一部として使いたいときは、メタ文字の前に¥付けて**エスケープ（打ち消す）**します。**¥を付けることでワイルドカード機能を打ち消すことができる**のです。

商品名に%を含むデータを検索したいので、次のようなクエリにすればよいでしょう。¥%が%そのものを意味するようになり、前後の%は部分一致させるためのメタ文字になります。

```
SELECT * FROM 売上 WHERE 商品名 LIKE '%¥%%';
```

```
SELECT * FROM 売上
WHERE 商品名 LIKE '%¥%%' ESCAPE '¥';
```

メタ文字の%

%そのもの

エスケープに使用する文字の指定
場合により必要

商品コード	商品名	日付	売上
B10020	100%片思い	2018-05-31	5

%が検索できた

Oracle、SQL ServerではESCAPE '¥'の指定が必要です。

4-3 その他の検索を見てみよう

その他の条件付けを見てみましょう。SELECTはクエリと呼ばれるくらいなので、さまざまな検索を行うことができます。

1 範囲指定で検索してみよう

SELECT命令のWHERE句でいろいろな検索ができることがわかってきた部長です。今回は日付の範囲で検索したいようです。

丸山君のいうとおり範囲での検索はBETWEENが便利なのですが、その前に比較演算子と条件式の組み合わせをおさらいしましょう。

比較演算子を天秤でイメージする

比較演算子は天秤をイメージするとわかりやすいと思います。比較演算子の=は天秤が「ちょうど釣り合った状態」で真を戻します。

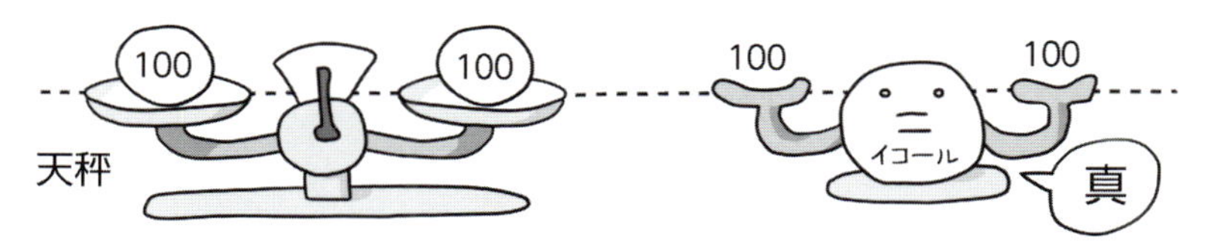

同じ重さならちょうど釣り合う

＞演算子は左側のほうが重たく傾いている状態で真を戻します。＜演算子はその反対で右側のほうが重たく傾いている状態で真を戻します。

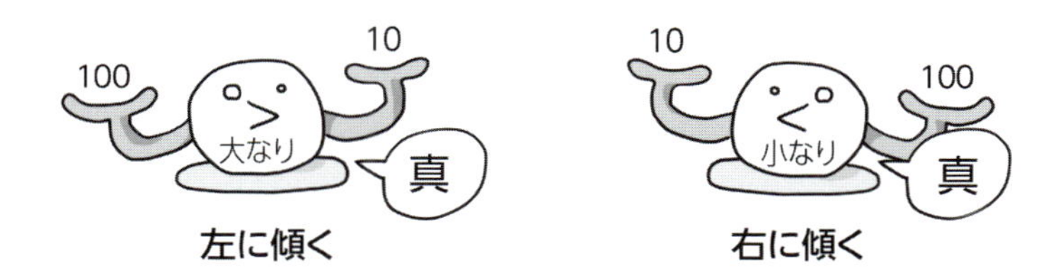

＝が付いた＞＝と＜＝演算子はちょうど釣り合った等しい状態で真を戻すかどうかの違いがあります。

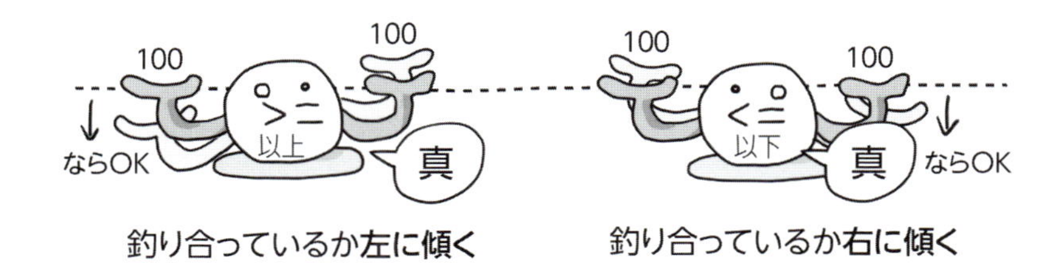

さて、5/1〜5/3の範囲で検索をしたいので、条件式を考えてみます。日付列の値が5/1以上でありかつ5/3以下の条件にすれば「5/1〜5/3」の範囲であるデータを検索できます。「5/1以上である」の条件式は「日付 >= '2018-05-01'」となり、「5/3以下である」の条件式は「日付 <= '2018-05-03'」となります。これら2つの条件式がともに真となるときに最終的な結果として真にしたいので、ANDでつなげれば条件式の完成です。

```
日付 >= '2018-05-01' AND 日付 <= '2018-05-03'
```

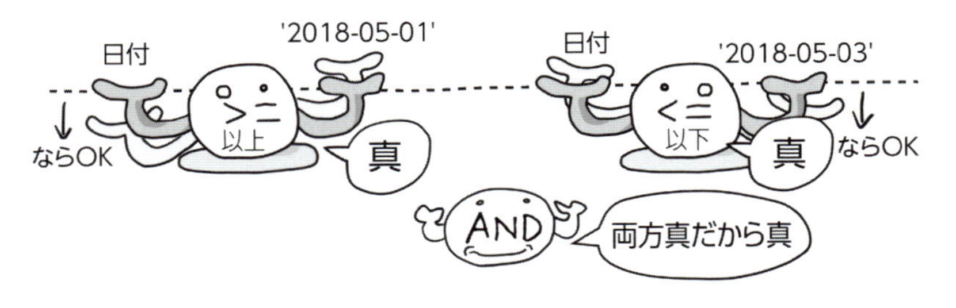


```
SELECT * FROM 売上
WHERE 日付 >= '2018-05-01' AND 日付 <= '2018-05-03';
```

5/1〜5/3の範囲で検索

```
SELECT * FROM 売上
WHERE 日付>='2018-05-01' AND 日付<='2018-05-03';
```

実行結果

商品コード	商品名	日付	売上
B12001	データベース入門	2018-05-01	1230
B10001	おもしろい本	2018-05-01	30
B10002	新おもしろい本	2018-05-02	120
B10001	おもしろい本	2018-05-03	2100
B10011	ためになる本	2018-05-03	200

5月

月	火	水	木	金	土
30	1	2	3	4	5
6	7	8	9	10	11	12
13	14	15	16	17	18	19
20	21	22	24	25	26	27
28	29	30	31			

BETWEENで範囲指定検索

比較演算子の以上と以下をANDで組み合わせることで日付の範囲指定ができました。慣れてしまえばかんたんに書けるようになりますが、記号の向きを間違えて書くと矛盾した条件式になってしまい検索できません。

最初に丸山君がいっていたように、範囲指定のときは**BETWEEN（ビトウィーン）**を使ったほうがわかりやすく書くことができます。BETWEENは「〜の間」という意味の英単語です。次のクエリは同じ範囲指定条件をBETWEENで書いたものです。

```
SELECT * FROM 売上
WHERE 日付 BETWEEN '2018-05-01' AND '2018-05-03';
```

BETWEENの前に範囲で比較したい列名を書きます。**BETWEENに続けて範囲の開始日付を書きます。ANDを書いてから範囲の終了日付を書きます**。上記のクエリで、5/1～5/3の範囲にあるデータを検索することができます。

開始と終了を反対にして間違えて書いてしまうと、条件式が矛盾して検索できなくなりますので注意しましょう。

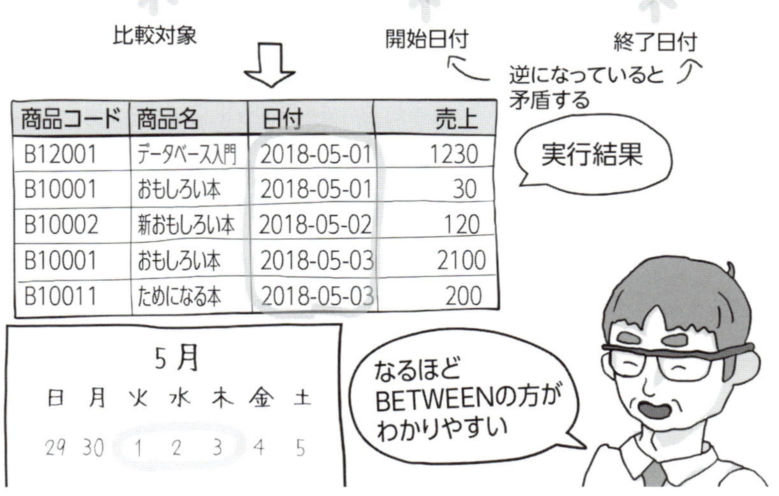

数値型でBETWEENを使う

ここでのクエリでは、日付型のデータを対象にしましたが、数値型や文字列型のデータでもBETWEENを使用することができます。数値型とした場合は100～200のような検索ができます。ただし、数値型のリテラルで範囲指定するようにしましょう。

次は売上が100～200の範囲にあるデータをBETWEENで検索するクエリです。

```
SELECT * FROM 売上
WHERE 売上 BETWEEN 100 AND 200;
```

2 INを使った検索

BETWEENを使って日付範囲で検索することに成功した部長です。今度は範囲ではなく、特定の日付を3つ指定したいようです。

丸山君はかなり勉強しているみたいですね。複数の条件をORでつなげても期待する条件式になりますが、命令の条件式部分が長くなってしまいますので、**IN（イン）**を使ったほうが簡潔に書くことができます。

○ 3つの条件式をORでつなげる

早速やってみたいところですが、比較のためにORでつなげる条件式でまずはやってみましょう。日付が5/1か5/3か5/4であればよいので、各条件をORでつなげればよいでしょう。

```
SELECT * FROM 売上
WHERE 日付='2018-05-01' OR 日付='2018-05-03'
OR 日付='2018-05-04';
```

INを使ってみる

確かに長い命令になってしまいました。INを使うと次のようになります。

```
SELECT * FROM 売上
WHERE 日付 IN ('2018-05-01','2018-05-03','2018-05-04');
```

INの左側には比較対象となる列を書きます。右側がちょっと特殊です。**丸括弧で囲んだリテラルのリスト**を書きます。リストはカンマで区切って列挙します。INはリスト中のいずれかの値に一致すれば真を戻します。

```
SELECT * FROM 売上
WHERE 日付 IN ('2018-05-01','2018-05-03','2018-05-04');
```

比較対象

どれかと一致すればOK

商品コード	商品名	日付	売上
B12001	データベース入門	2018-05-01	1230
B10001	おもしろい本	2018-05-01	30
B10001	おもしろい本	2018-05-03	2100
B10011	ためになる本	2018-05-03	200
B10013	つまらない本	2018-05-04	10

実行結果

ORで書いたときと比較すると、重複している「日付=」の部分を書かなくてよいので、少し短いSELECT命令になりました。

第4章のまとめ

ANDで条件を組み合わせると
全体の条件がきびしくなります

ORで条件を組み合わせると
全体の条件がゆるやかになります

LIKEとメタ文字であいまい検索を
行うことができます

BETWEENやINを使って範囲指定の
検索やリストのうちどれかといった
検索ができます

第5章 データを並べ替えてみよう

5-1 並べ替えてみよう

データ分析をするうえで大きい順に並べ替えるようなデータ処理は必要不可欠な処理でしょう。SELECT命令では、データを持ってくるときに並べ替え(ソート)を行うことが可能です。並べ替えを行ってみましょう。

1 行を並べ替えてみよう

売上データが気になる部長にとっては売上が大きい商品から順番に見ていきたいようです。丸山君にデータの並べ替えの方法を質問しています。

丸山君のいうとおり並べ替えは**ORDER BY(オーダーバイ)句**で指定することができます。ORDER BYは順番という意味の英単語ORDERとBYの2つの単語で構成されている点に注意しましょう。ORDERとBYの間に1つ以上のスペースが必要になります。

ORDER BY句を書く順番

ORDER BY句はWHERE句の次に書きます。WHERE句は省略可能であるため、そのときはFROM句のあとに書きます。

各句を書く順番はSELECT命令が内部処理していく順番に対応しています。DB君はWHERE句の処理をしてから、ORDER BY句の処理をすることになります。

ORDER BY句の省略

ORDER BY句を書かずに省略したときは、テーブルに格納されている順番で結果が得られます。テーブルに格納されている順番はデータの追加、削除を行うと変化してしまう可能性があります。なので、いつも**決まった順番で結果がほしいのであれば、ORDER BY句を省略しない**でしっかり指定しましょう。

ソートキー

ORDER BY句では、並べ替えを行いたい列を指定します。部長は売上列のデータで並べ替えを行いたいので「ORDER BY 売上」のように売上列を指定すればよいことになります。この並べ替えを行いたい列のことを**ソートキー**と呼びます。ORDER BY句ではソートキーを指定することができるわけです。

次が売上列で並べ替えを行うクエリになります。

```
SELECT * FROM 売上
ORDER BY 売上;
```

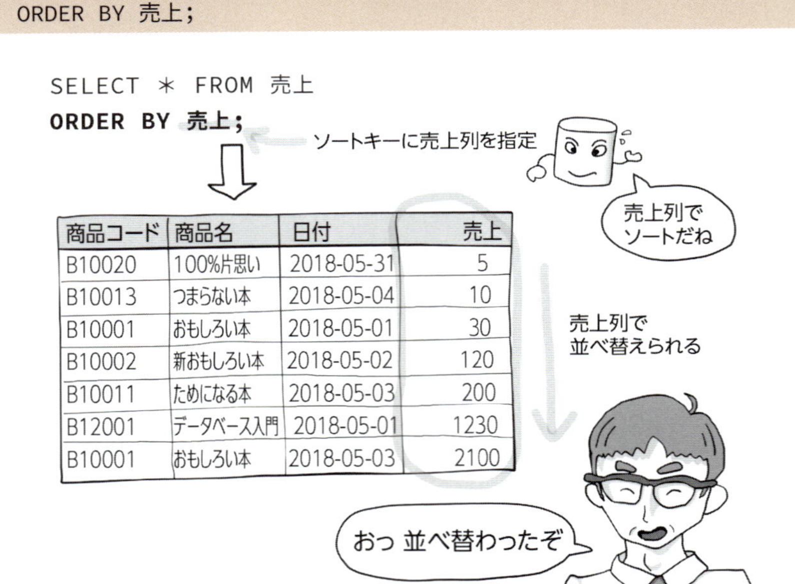

商品コード	商品名	日付	売上
B10020	100%片思い	2018-05-31	5
B10013	つまらない本	2018-05-04	10
B10001	おもしろい本	2018-05-01	30
B10002	新おもしろい本	2018-05-02	120
B10011	ためになる本	2018-05-03	200
B12001	データベース入門	2018-05-01	1230
B10001	おもしろい本	2018-05-03	2100

ORDER BY句を付けることで、売上列のデータで並べ替えられた結果が取得できました。

並べ替えの様子

並べ替えは行単位で行われます。売上の列だけが並べ替えられるのではありません。また、テーブルの格納順は変化しません。SELECT命令はクライアントに結果を戻すときに一時的にテーブルのデータをデータベース内部に仮データとして保存します。ORDER BYで並べ替えが指定されるとテーブルから結果を抽出すると同時に並べ替えの処理が行われます。最終的に一時的に作られた仮データから結果が戻されます。

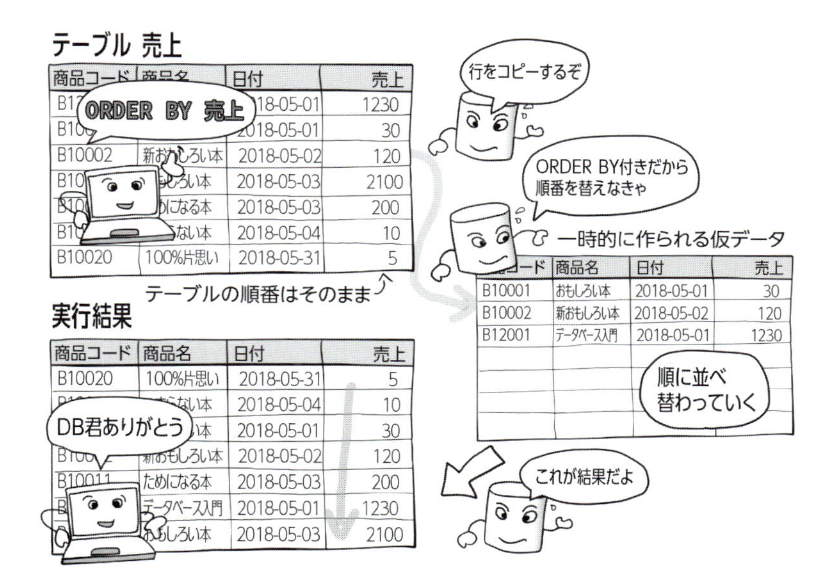

といったわけで**SELECT命令を実行しただけではテーブルの内容は変化しない**のです。

Excelシートで並べ替えをすると、シートのデータ自体が並び替わります。データベースではテーブルのデータはSELECT命令を実行するつど並べ替えられることになります。この点がExcelシートと異なります。

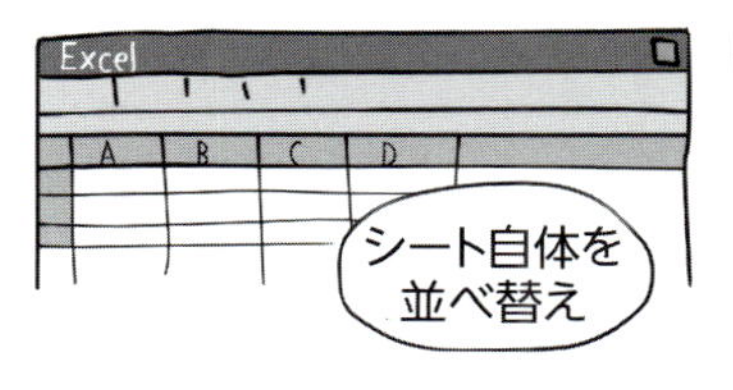

2 並べ替えの順番を逆にしてみよう ― ASCとDESC

並べ替えに成功した部長ですが、売上が小さいものから順番になっているので、気にいらないようです。

ORDER BYでの並べ替えでは小さいものから順番に並ぶようにデータが表示されます。普通に考えて先頭は1番ですよね。1、2、3と順番に並べられることが多いと思います。小さいものから順番に並んでいる状況を**昇順**といいます。昇順は英語でいうと「ascending order」になります。

反対に大きいものから順番に並べることを**降順**といいます。こちらの英語は「descending order」です。

部長は売上が多いものから順番に結果を得たいと思っています。ですから「降順で結果がほしい」ことになります。

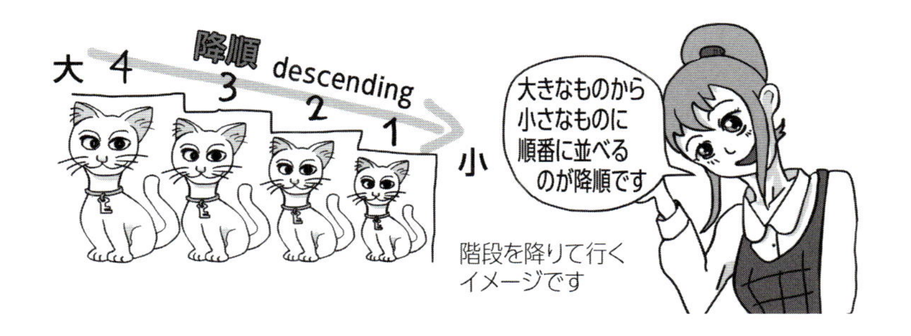

ASC昇順で並べ替える

ORDER BY句での並べ替えではソートキーのあとに昇順か降順かを指定することができます。昇順で並べ替えたいときは**ASC（アスク）**を指定します。ASCは予約語でありascendingの先頭3文字で略したものです。ソートキーとASCの間にスペースを入れます。

```
SELECT * FROM 売上
ORDER BY 売上 ASC;
```

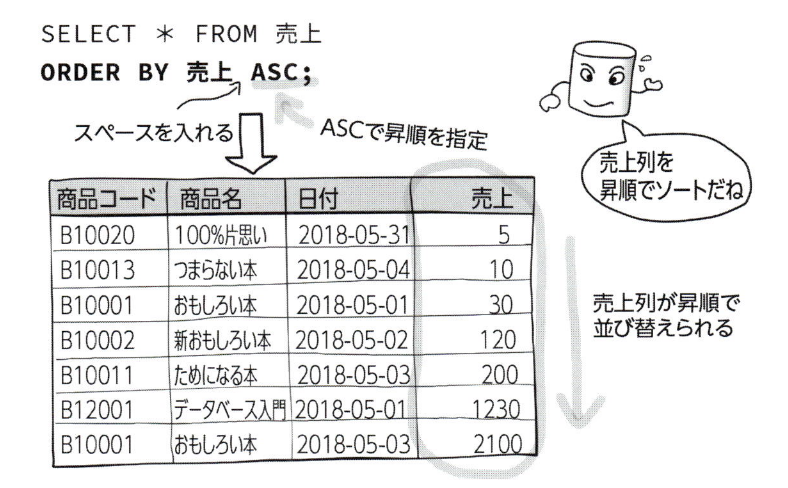

商品コード	商品名	日付	売上
B10020	100%片思い	2018-05-31	5
B10013	つまらない本	2018-05-04	10
B10001	おもしろい本	2018-05-01	30
B10002	新おもしろい本	2018-05-02	120
B10011	ためになる本	2018-05-03	200
B12001	データベース入門	2018-05-01	1230
B10001	おもしろい本	2018-05-03	2100

この結果は前の売上列でソートする例と同じですね。昇順、降順の指定を省略すると昇順で並べ替えが行われます。つまりASCがデフォルトということです。

DESC降順で並べ替える

降順で並べ替えたいときは**DESC（デスク）**を指定します。DESCはdescendingの略で予約語です。

部長は**売上の多いものから順番**にしたいので、DESCを指定した次のクエリで満足してもらえるでしょう。

```
SELECT * FROM 売上
ORDER BY 売上 DESC;
```

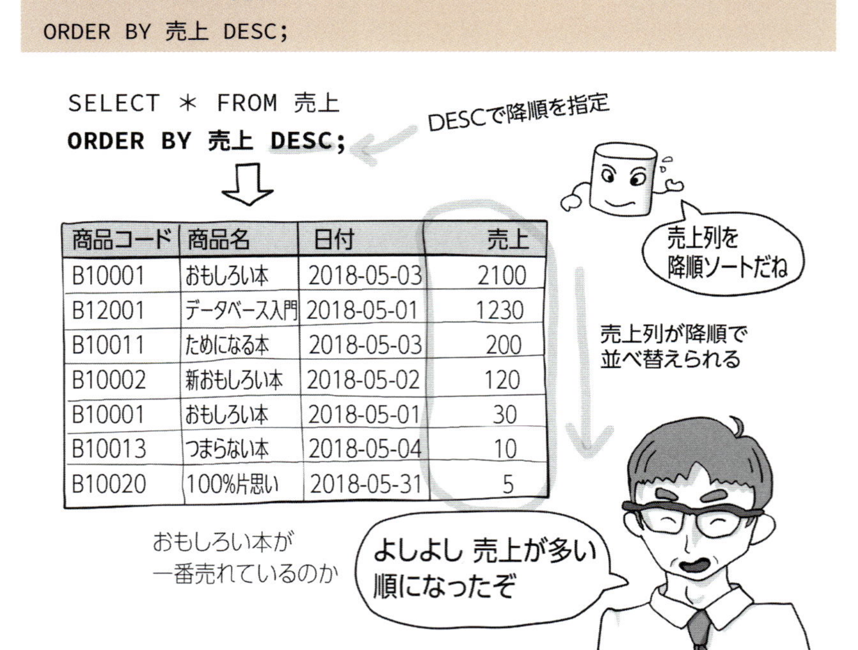

商品コード	商品名	日付	売上
B10001	おもしろい本	2018-05-03	2100
B12001	データベース入門	2018-05-01	1230
B10011	ためになる本	2018-05-03	200
B10002	新おもしろい本	2018-05-02	120
B10001	おもしろい本	2018-05-01	30
B10013	つまらない本	2018-05-04	10
B10020	100%片思い	2018-05-31	5

部長のように売上とか金額のデータについては大きいほうが重要であると考えることが多いと思います。なのでORDER BY句を書いてソートする場合はDESCを付けて大きい順にすることでしょう。

日付でソートするようなときは時間が経過する順番になっていたほうがわかりやすいのでASCを付けるか省略して昇順ソートすることになるでしょう。

3 WHERE句とORDER BY句の両方を使ってみよう

売上の多い順で結果を得ることができ、ご満悦の部長でしたが、丸山君がいっていたWHERE句とORDER BY句を書く順番を忘れてしまったようです。

部長は日付を限定したうえで並べ替えをしたいようです。日付でデータを抽出するのはWHERE句を書けばOKでした。いざWHERE句を書こうと思ったのですがどこに書いてよいものか、わからなくなったようです。

丸山君のいうとおりWHERE句、ORDER BY句の順番で書きます。ORDER BY句はSELECT命令の最後になります。各句を書く順番をおさらいしておきます。

```
① SELECT *
②   FROM 売上
③   WHERE 日付='2018-05-01'
④   ORDER BY 売上;
```

日付が5/1のデータのみを抽出して売上列を降順でソートするときは次のクエリでOKです。

```
SELECT * FROM 売上
WHERE 日付='2018-05-01'
ORDER BY 売上 DESC;
```

商品コード	商品名	日付	売上
B12001	データベース入門	2018-05-01	1230
B10001	おもしろい本	2018-05-01	30
B10002	新おもしろい本	2018-05-02	120
B10001	おもしろい本	2018-05-03	2100
B10011	ためになる本	2018-05-03	200
B10013	つまらない本	2018-05-04	10
B10020	100%片思い	2018-05-31	5

商品コード	商品名	日付	売上
B12001	データベース入門	2018-05-01	1230
B10001	おもしろい本	2018-05-01	30

一時的に作られる仮データ


```
SELECT * FROM 売上
WHERE 日付='2018-05-01'
ORDER BY 売上 DESC;
```

実行結果

商品コード	商品名	日付	売上
B12001	データベース入門	2018-05-01	1230
B10001	おもしろい本	2018-05-01	30

WHERE句が付けられても、並べ替えの様子は変化しません。一時的にテーブルのデータを仮データとして保存しますが、このときにWHERE条件に合致するものだけが抽出されます。ORDER BYで並べ替えが指定されるとテーブルから結果を抽出するのと同時に並べ替えの処理が行われます。最終的に一時的に作られた仮データから結果が戻されます。

4 複数列で並べ替えてみよう

WHERE句で5/1のデータだけ抽出してソートすることに成功した部長です。今度は、商品名で絞り込みを行ったようですが、結果の順番が気に食わないようです。

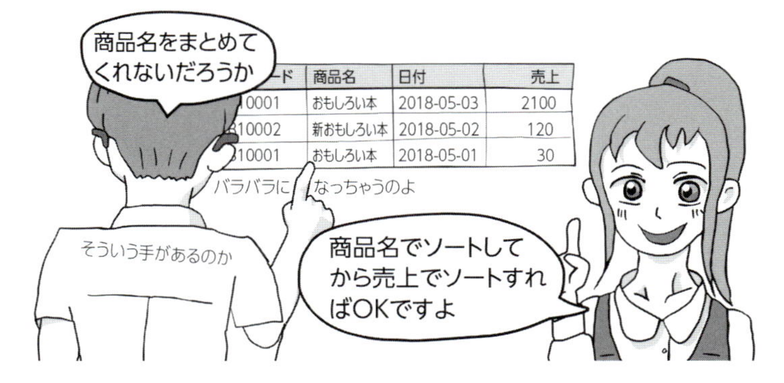

あいまい検索で「おもしろい本」と「新おもしろい本」の2つの商品を検索して売上列を降順ソートしてみた部長なのですが、おもしろい本がバラバラになってしまうのが嫌なようです。確かに商品ごとにまとめて売上を見たいですよね。

丸山君がいうとおり**ソートキーは複数指定することができる**ので、商品名でソートしてから売上でソートすることができます。そうすれば部長の要望どおりになるでしょう。

どうやって複数のソートキーを指定するのかというと、ORDER BYに続けてソートキーとなる列名をカンマ区切りで指定すればOKです。昇順、降順の指定は列名のあとにスペースを置いてから指定します。

部長の要望としては、商品名で昇順ソートしてから売上で降順ソートなので、次のようにすればよいでしょう。商品名のソート順はASCなので省略しています。

```
SELECT * FROM 売上
WHERE 商品名 LIKE '%おもしろい本%'
ORDER BY 商品名, 売上 DESC;
```

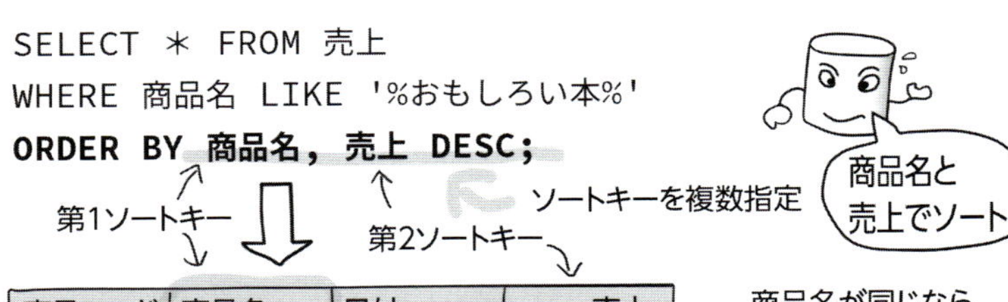

商品コード	商品名	日付	売上
B10001	おもしろい本	2018-05-03	2100
B10001	おもしろい本	2018-05-01	30
B10002	新おもしろい本	2018-05-02	120

商品名が同じなら
売上列で並び替え
られる

最初は商品名列で
並び替えられる

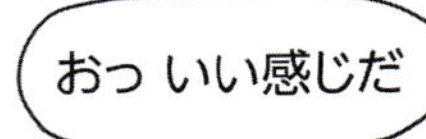

「おもしろい本」のデータに着目しましょう。2行あるので商品名だけでは順番が決定できません。第1ソートキーで決定できないものは第2ソートキーで順番を決定します。このクエリの場合、商品名が第1ソートキーで、売上が第2ソートキーです。5/3の売上が2100となっているので先に表示されます。その次に5/1の30がきます。

5 複数列で並べ替えるときの指定順を確認してみよう

複数のソートキーで並べ替えを行うことができました。しかし、ORDER BYにソートキーを指定するときの順番がよくわかっていない部長です。

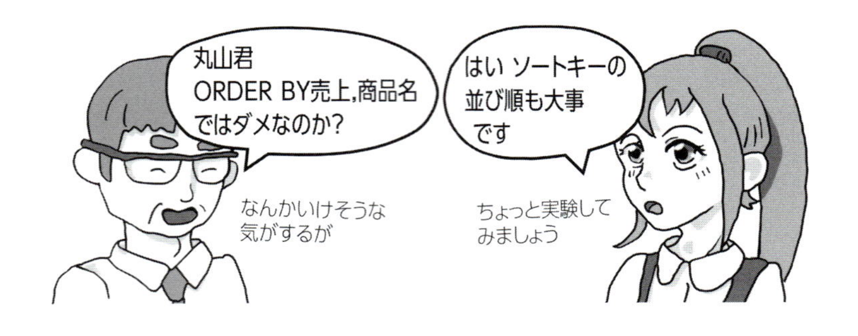

部長は順番を覚えるのが苦手なんでしょうか。ちょっとソートキーの順番を変えてやってみましょう。売上、商品名の順番にしてみます。

```
SELECT * FROM 売上
WHERE 商品名 LIKE '%おもしろい本%'
ORDER BY 売上 DESC, 商品名;
```

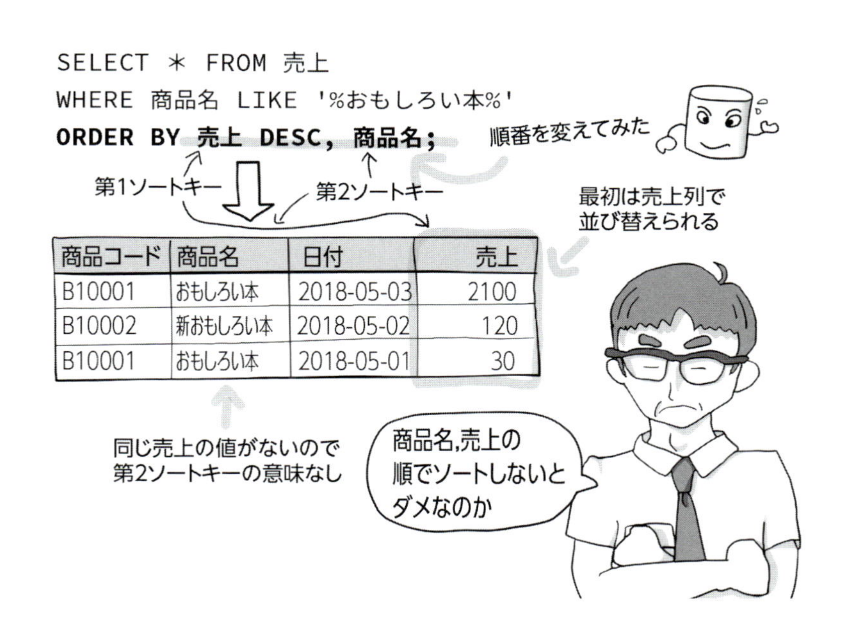

このクエリだと売上をソートしてから商品名でソートすることになります。同じ売上の値が存在しないので、売上だけでソートした結果と変わりがない結果となります。**複数のソートキーを指定するときはその順番も重要**です。

6 辞書式順序を覚えよう

丸山君に新しく「出荷」テーブルを作ってもらった部長です。並べ替えの方法を習ったので早速ORDER BYで並べ替えてみたようです。しかし、結果が腑に落ちないみたいですね。

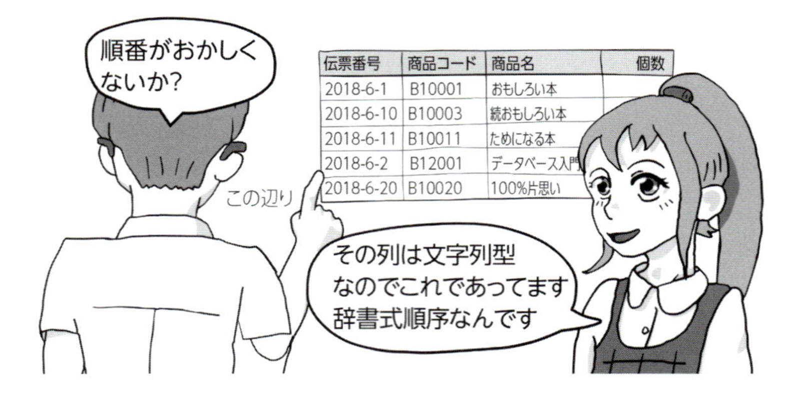

伝票番号の列には出荷のときに付ける伝票の番号が入っています。日付のようなデータが入っていますが伝票番号列は文字列型で定義されています。

日付として順番に並べているのであれば確かに変です。2018-6-11の次に2018-6-2がきています。2018-6-11より2018-6-2のほうが大きいことになります。

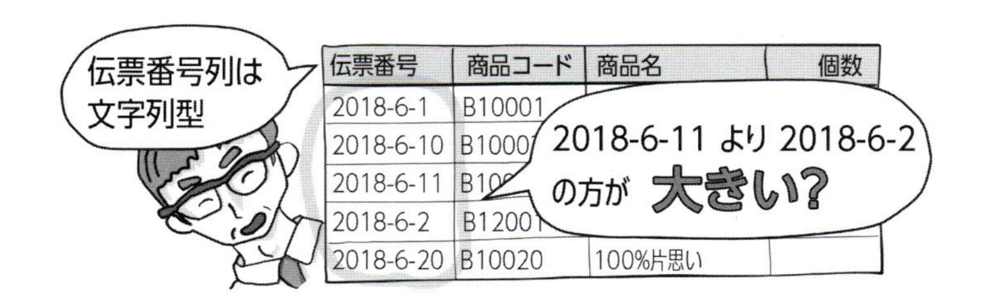

どうしてこのような並べ替えになってしまうのかというと、文字列型のデータの大小関係が**辞書式順序**であるために起こります。

辞書式順序というものは読んで字のごとく辞書に書かれている順番のことをいいます。英語の辞書なら「ABC...」のアルファベット順。国語辞書なら「あいうえお ...」の五十音順で並んでます。

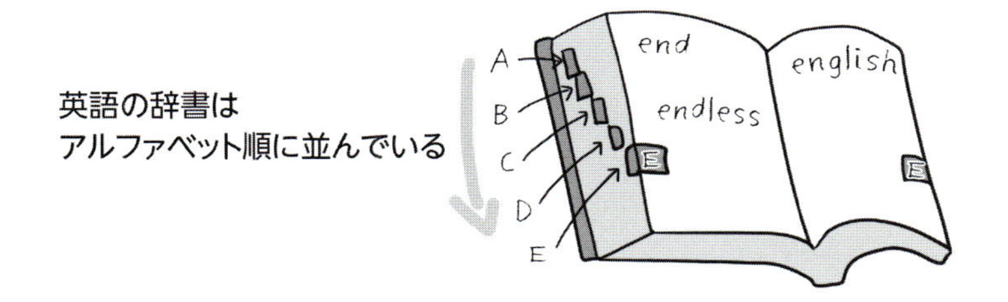

国語辞書では「あ」から始まる単語から順番に掲載されていますが、「あ」から始まる単語なんて山ほどあります。ですので、「あ」の次の文字でも順番に並べられます。たとえば「あい」と「あお」はどちらも「あ」から始まる単語ですが、2文字目を比較して「い」より「お」が大きいので「あい」、「あお」の順番になります。2文字目も同じなら、次の3文字目で比較することで順番を決定します。

文字列型ではこういった**辞書式順序で大小関係を決定**しているので、桁数を合わせていない数字から構成される文字列データをソートすると「なにかおかしい」ということになるのです。

もういちど伝票番号列でソートした結果を見てみましょう。

```
SELECT * FROM 出荷
ORDER BY 伝票番号;
```

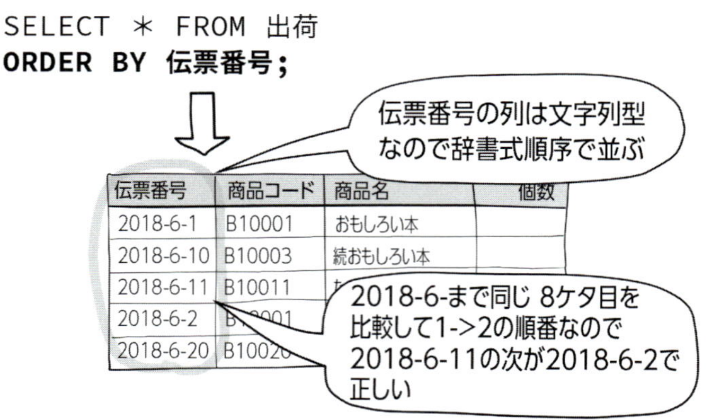

データの桁数を合わせるとこのような誤解が生じません。2018-6-1を2018-06-01にすれば辞書式順序でソートしても日付としてソートした場合と同じ結果になります。

5-2 行を制限してみよう

SELECT命令では、データを持ってくる際にデータ数を制限することができます。行を制限する方法について見てみましょう。

1 取得行を制限してみよう

並べ替えの方法を会得してSQLレベルがまた1つ上がった感じの部長です。どうやら売上の多いデータだけに限定したいようですがWHERE条件が難しくて書けないようです。

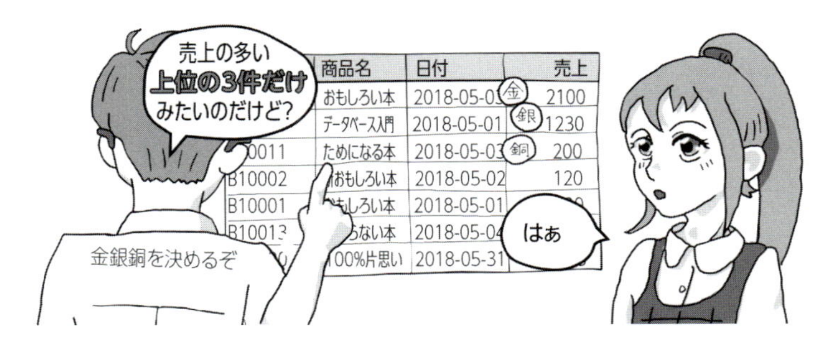

部長は売上の多いトップ3の商品に金銀銅のメダルを付けたいと思っているようです。WHEREで条件を付けるのは確かに難しいですね。サンプルデータでは売

上が200以上の条件を付ければちょうど3件分のデータが取得できますが、いつも同じ売上数であるとは限りませんので、具体的な数値での条件式は書けません。

丸山君のいうとおり**OFFSET FETCH（オフセットフェッチ）句**を使って取得する行数を制限すれば売上の多いトップ3を検索することができます。WHERE条件でも集計関数とサブクエリを使えばできなくもありませんが、上位のなん件かを制限するだけであればOFFSET FETCHのほうがかんたんです。

OFFSET FETCH句を書く順番

OFFSET FETCH句はORDER BY句のあとに書きます。OFFSET FETCH句がSELECT命令の最後の句になります。DB君がクラちゃんに実行結果を戻す最終段階でOFFSET FETCH句が処理されるため、並べ替えられた結果の**上位3件分だけ**がクラちゃんに戻されることになります。

上位3件だけをOFFSET FETCH句の行の制限で抽出するクエリは次のようになります。

```
SELECT * FROM 売上
ORDER BY 売上 DESC
FETCH FIRST 3 ROWS ONLY;
```

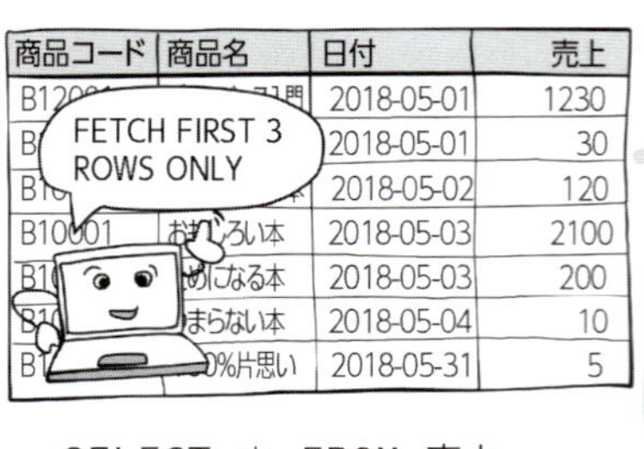

商品コード	商品名	日付	売上
B10001	おもしろい本	2018-05-03	2100
B12001	データベース入門	2018-05-01	1230
B10011	ためになる本	2018-05-03	200
B10002	新おもしろい本	2018-05-02	120
B10001	おもしろい本	2018-05-01	30
B10013	つまらない本	2018-05-04	10
B10020	片思い		5

```
SELECT * FROM 売上
ORDER BY 売上 DESC
FETCH FIRST 3 ROWS ONLY;
```

FETCH 3だから
3件分だけあげるね

実行結果

商品コード	商品名	日付	売上
B10001	おもしろい本	2018-05-03	2100
	データベース入門	2018-05-01	1230
	ためになる本	2018-05-03	200

上位3件のデータが取得できた

FETCH FIRST 3 ROWS ONLY

FETCHは「とってくる」という意味の英単語です。OFFSET FETCH句は英文のような命令なので、訳すことができれば意味がわかりますね。

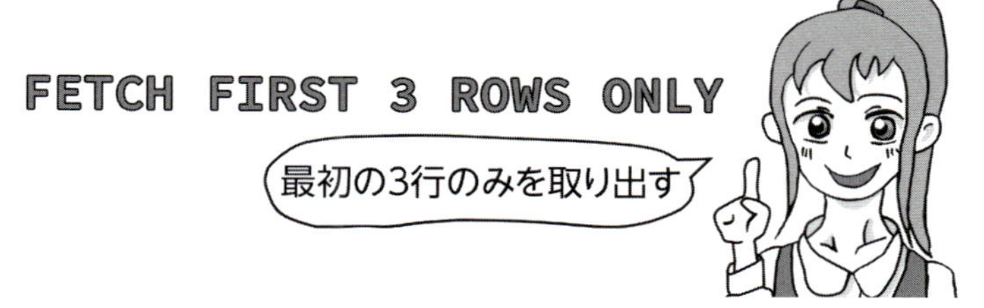

LIMIT句

一部のデータベースではOFFSET FETCHと同じ機能を**LIMIT(リミット)句**で行うことができる場合もあります。Oracle、SQL ServerではLIMIT句は使えません。

```
SELECT * FROM 売上
ORDER BY 売上 DESC
LIMIT 3;
```

付属のSQL実行ツールではOFFSET FETCH句、LIMIT句の両方を実行可能です。OFFSET FETCHが標準SQLでのやり方になります。

2 OFFSET指定してみよう

FETCHをフェチと勘違いしていた部長ですが、上位3件を取得することに成功しました。なにやらOFFSETが気になっているようです。

OFFSET FETCH句はOFFSET x FETCH FIRST n ... の形式で書くことができます。OFFSET xの部分は省略可能であり（SQL Serverについては省略不可）、省略した場合は先頭からn件分が抽出されます。OFFSETを指定したときは先頭からではなく**OFFSETで指定されたx行数のオフセットを置いてから**n件分が抽出されることになります。

次のクエリで5行目から3行分を抽出します。

```
SELECT * FROM 売上
ORDER BY 売上 DESC
OFFSET 4 ROWS FETCH NEXT 3 ROWS ONLY;
```

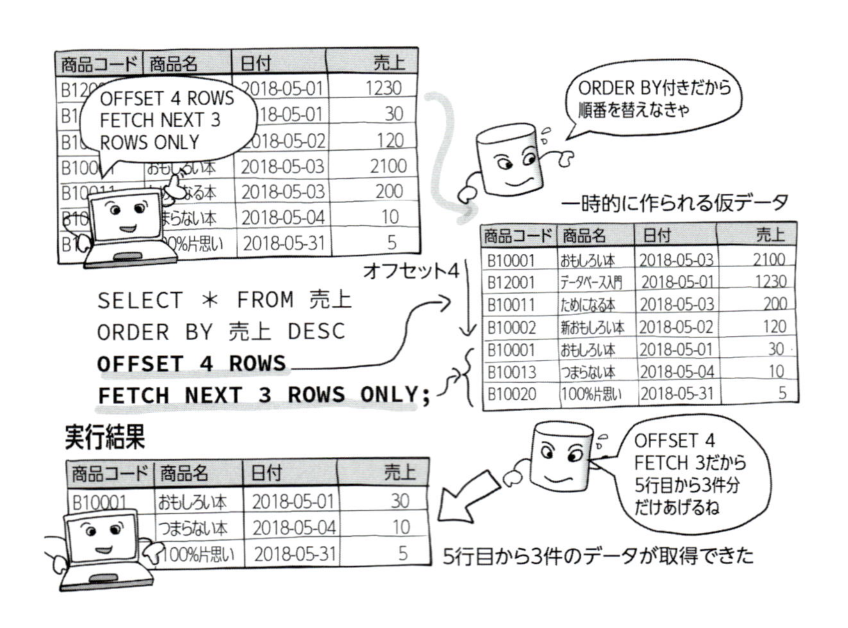

商品コード	商品名	日付	売上
B10001	おもしろい本	2018-05-03	2100
B12001	データベース入門	2018-05-01	1230
B10011	ためになる本	2018-05-03	200
B10002	新おもしろい本	2018-05-02	120
B10001	おもしろい本	2018-05-01	30
B10013	つまらない本	2018-05-04	10
B10020	100%片思い	2018-05-31	5

商品コード	商品名	日付	売上
B10001	おもしろい本	2018-05-01	30
	つまらない本	2018-05-04	10
	100%片思い	2018-05-31	5

今回OFFSETを付けましたが、FETCH FIRSTではなくFETCH NEXTとなっている点に着目してください。実は、SQL的にはこの部分のキーワードはFIRST、NEXTのどちらでもかまわないことになっています。なのでOFFSET 4 FETCH FIRST 3 ROWS ONLYでも5行目から3行分が抽出できます。英文としてはFETCH NEXTのほうが自然であるため、このような配慮がされています。

同じような理由から「ROWS」は「ROW」としてもよいことになっています。ROWSはROWの複数形であり「1 ROWS」という英文は変です。SQLとしては文法違反にはなりません。日本人にしてみれば「どっちでもいいじゃない」と思われることですが、外国の人は気になるんでしょうね。

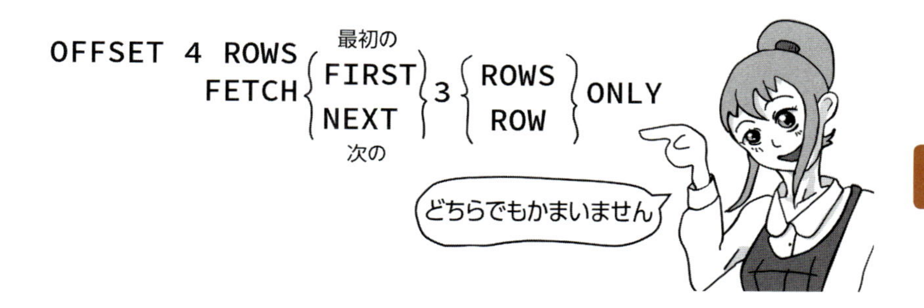

OFFSET FETCHはデータベースによって、ORDER BY句が必須であったり、OFFSET指定が必須だったり、できなかったりと方言が多くあるので注意しましょう。

LIMIT句でもOFFSET指定を行うことができます。次のクエリで4行目から3行分を抽出することができます。

```
SELECT * FROM 売上
ORDER BY 売上 DESC
LIMIT 3 OFFSET 4;
```

OFFSET FETCHやLIMITはWebアプリでよく見ることができる、ページ切替方式の画面を作成するときに使われます。

第5章のまとめ

ORDER BYでソートすることができます

OFFSET FETCHで取得行を制限することができます

データを演算してみよう

6-1 SELECT句で計算してみよう

SELECT命令では、データを持ってくる際に計算を行うことができます。計算の方法について見てみましょう。

1 単価×個数で金額を計算してみよう

丸山君に新しく出荷テーブルを作ってもらった部長です。出荷テーブルには金額の列がなかったのでこれが不満なようです。

出荷テーブルには出荷した商品の情報が入っています。どの商品をどれだけ出

荷したかといった情報になります。出荷時に発生した金額は「単価×個数」で計算することができるため、専用の列を設けることはしませんでした。データベースでは記録しておくデータが少ないに越したことはありません。1列だけの違いでも大規模なデータベースになればなるほど容量を食いつぶしていくことになるからです。

ほかの理由もあります。仮に金額列を作ったとすると、個数や単価があとから変更になったときに、金額の列も再計算しなければなりません。であれば、毎回計算した方がよいでしょう。

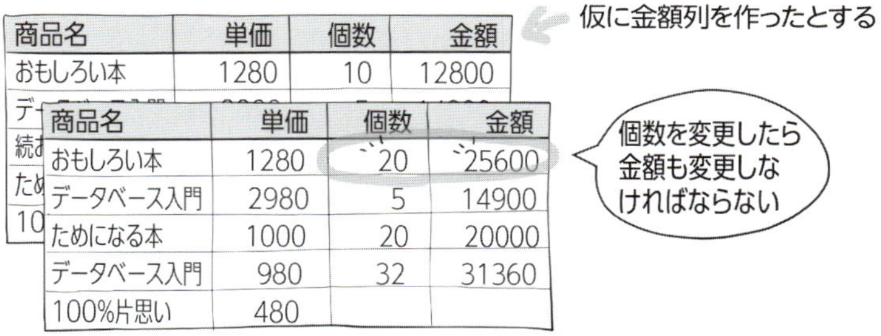

仮に金額列を作ったとする

商品名	単価	個数	金額
おもしろい本	1280	10	12800

商品名	単価	個数	金額
おもしろい本	1280	20	25600
データベース入門	2980	5	14900
ためになる本	1000	20	20000
データベース入門	980	32	31360
100%片思い	480		

個数を変更したら
金額も変更しな
ければならない

さて、SQLもプログラミング言語であるため、**計算をすることができます**。部長は「単価×個数」で金額を計算したいと考えているので、SELECT句に計算式を書けばOKです。次のクエリで金額を計算することができます。

```
SELECT 商品名, 単価, 個数, 単価*個数
FROM 出荷;
```

SELECT 商品名, 単価, 個数, **単価*個数** FROM 出荷;

列名だけのときは
そのまま戻す

計算式なら
計算結果を戻す

商品名	単価	個数	単価*個数
おもしろい本	1280	10	12800
データベース入門	2980	5	14900
続おもしろい本	1000	20	20000
ためになる本	980	32	31360
100%片思い	480		

実行結果

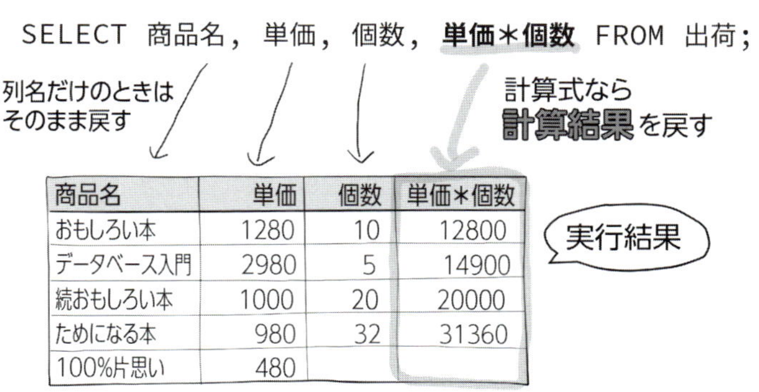

SELECT句では列指定することができました。単に列名だけを書いたときはその列のデータが取得されるだけですが、計算式を書くと計算が行われてその結果が取得できるようになっているのです。

2 演算と演算子について理解してみよう

SELECT句で計算することに成功した部長ですが、＊の使い方が気になっているようです。

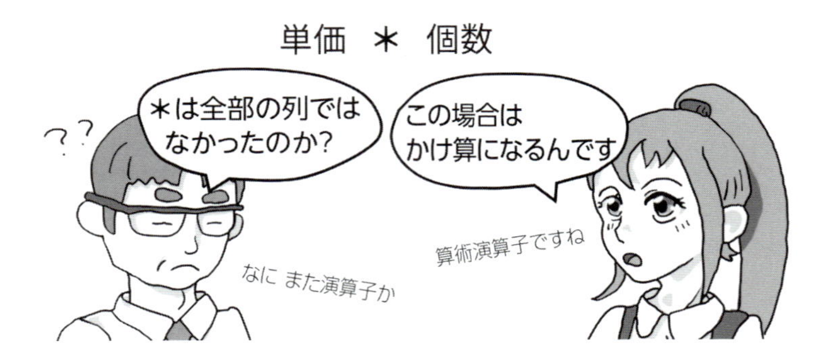

丸山君のいうとおりSELECT句に＊だけが書いてあるときはテーブルの全部の列を意味しますが、**計算式の中に＊があるときは、かけ算の×と同じ意味**になります。

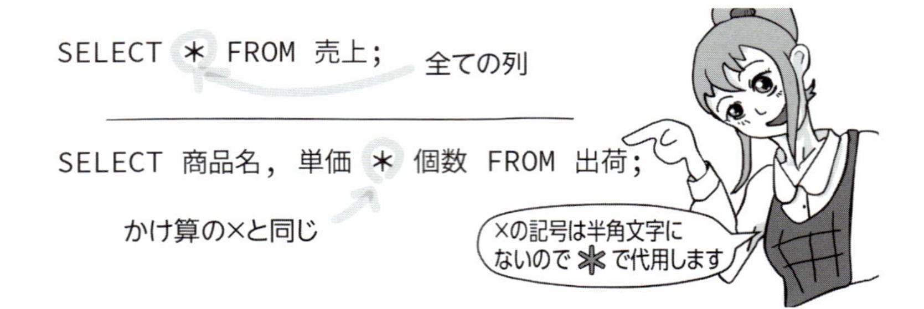

○ 計算と演算

「単価×個数」のような式を算数では計算式と呼びます。SQLでは「単価＊個数」

とすることで「単価×個数」の計算を行うことができました。コンピューターの中での計算は**演算**と呼ばれます。どちらでも大差ないとは思いますがプログラミング言語では「計算」ではなく「演算」がよく使われます。

かけ算を意味する×は計算記号といいますよね。**SQLでかけ算を意味する*は演算を行うための演算子**になります。

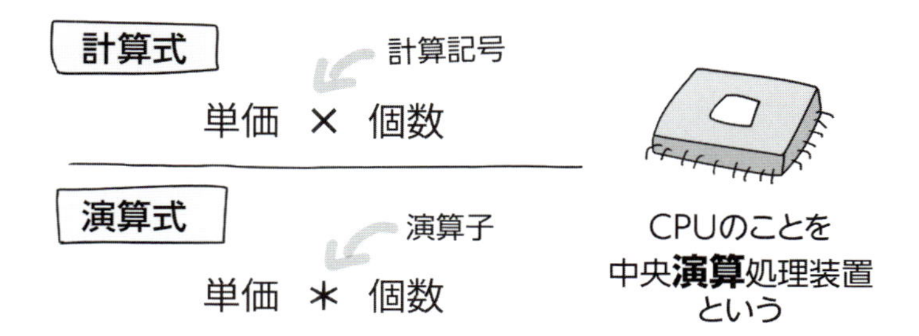

算術演算子

条件式のところでも演算子が出てましたね。条件式では比較演算を行うための演算子を使いましたが、今回の*はかけ算を行うので**算術演算子**に分類される演算子になります。

算術演算子というとなにやら難しそうですが、**足し算、引き算、かけ算、割り算の四則演算を行う演算子**のことです。

足し算の＋と引き算の－は計算記号と同じなのでわかりやすいと思いますが、かけ算の×は＊で、割り算の÷は／で代用します。これはExcelやほかのプログラミング言語と同じなのでご存じの方も多いと思います。

これらの算術演算子だけでたいていの計算はできるでしょう。

3 演算子の優先順位を覚えよう

SELECT句で演算ができることに味を占めた部長です。出荷テーブルの返品数を考慮して金額の計算をさせたのですが、どうも計算が合わないようです。どうやって演算させたのでしょうか。

やっぱり部長の勘違いだったようです。コンピューターが計算を間違えることはまずありません。返品されてきてしまった商品は売上金額には含めないので、個数から返品数を引いて、単価をかけ算しなければ正しい金額になりません。**引き算よりかけ算のほうが優先順位は高い**ので、先に演算されます。なので、丸山君が指摘したとおり括弧を付けて優先順位を変更して、引き算から先に演算するようにします。

× 単価 ＊ 個数 ー 返品数　かけ算から先に演算されるので間違い

○ 単価 ＊（個数 ー 返品数）　括弧を付けて引き算から先に演算

　優先順位の問題は、ANDとORでもやりましたよね。算術演算子にも優先順位があります。部長のようにうっかりしていると意図していないおかしな演算になってしまうことがあるので注意しましょう。

　算術演算子の優先順位は次のようになっています。

順位	演算子
1	＊ ／
2	＋ ー

　＊と／は同じ優先順位です。同様に＋とーも同じ優先順位になります。同じ優先順位の演算子が並んでいるときは、演算結果が演算の順序に依存することはありませんが、左から右の順番で演算されていきます。

＋とーは同じ優先順位

1 ＋ 2 ー 3

同じ優先順位なら左から右の順番で演算する

　ほかの演算子も含めた優先順位は次のイラストのようになります。

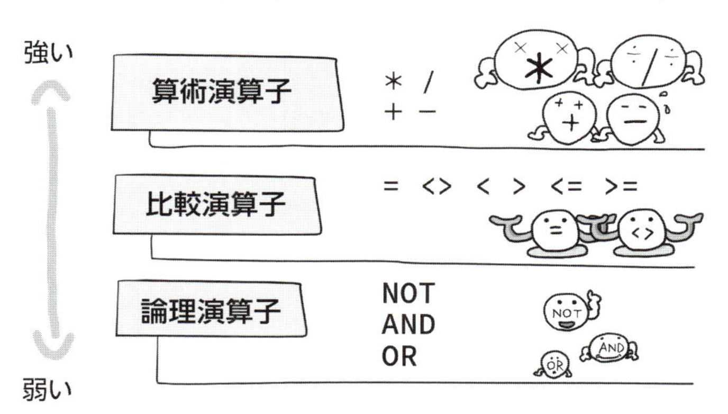

返品数を考慮して正しく金額を計算するクエリは次のようになります。

```
SELECT 商品名, 単価, 個数, 返品数, 単価*(個数-返品数)
FROM 出荷;
```

```
SELECT 商品名, 単価, 個数, 返品数, 単価*(個数-返品数)
FROM 出荷;
```

括弧を付けて
優先順位を変更

商品名	単価	個数	返品数	単価*(個...
おもしろい本	1280	10	0	12800
データベース入門	2980	5	0	14900
続おもしろい本	1000	20	1	19000
ためになる本	980	32	0	31360
100%片思い	480			

実行結果

正しく計算できた

4 計算式に名前を付けてみよう

金額を計算することができ、ご満悦な部長ですが、実行結果に気に入らない部分があるようです。

部長の使っているクライアントでは、SELECT句で計算式を指定すると結果のところにも計算式がそのまま表示されます。せっかく金額を計算したのですから結果にも「金額」と表示させたいと思っています。

SELECT命令ではこのような問題にも対応しており、SELECT句での列指定で**列に別名を付けることができます**。

計算式のあとに**AS(アズ)**を書いてから付けたい名前を指定します。部長は「金額」という名前にして表示したいので、次のようなクエリでOKです。

```
SELECT 商品名, 単価, 個数, 返品数, 単価*(個数-返品数) AS 金額
FROM 出荷;
```

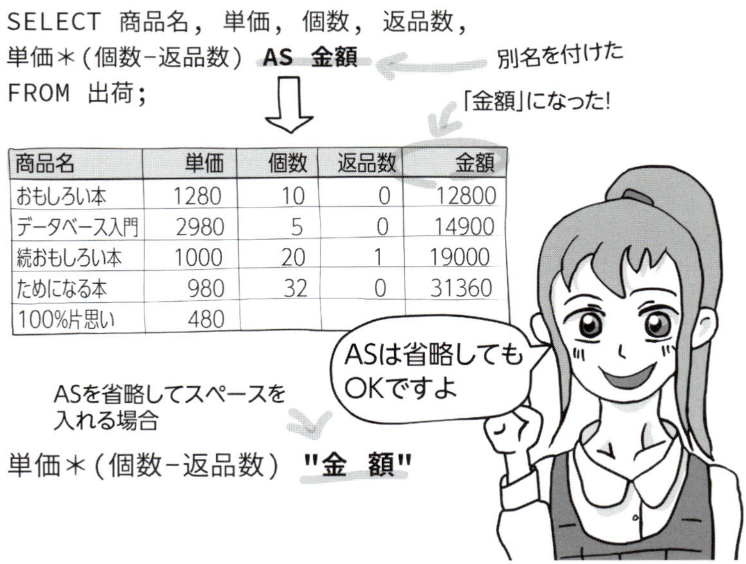

```
SELECT 商品名, 単価, 個数, 返品数,
単価＊(個数-返品数) AS 金額
FROM 出荷;
```

別名を付けた

「金額」になった!

商品名	単価	個数	返品数	金額
おもしろい本	1280	10	0	12800
データベース入門	2980	5	0	14900
続おもしろい本	1000	20	1	19000
ためになる本	980	32	0	31360
100%片思い	480			

ASは省略してもOKですよ

ASを省略してスペースを入れる場合

```
単価＊(個数-返品数) "金 額"
```

丸山君がいうとおりキーワードのASは省略できる場合がありますが、一部のデータベースでは省略できずエラーになることもあるので注意してください。

また、別名にスペースを含めたいときは"で囲むとうまくいきます。

6-2 WHERE句やORDER BY句で計算してみよう

演算子による演算はSELECT句に限った機能ではありません。WHERE句 や ORDER BY句でも計算を行うことができます。

1 計算した金額で条件を付けてみよう

やっぱり売上が気になる部長です。計算結果の金額で条件を付けて金額の多い出荷データを検索したいようです。

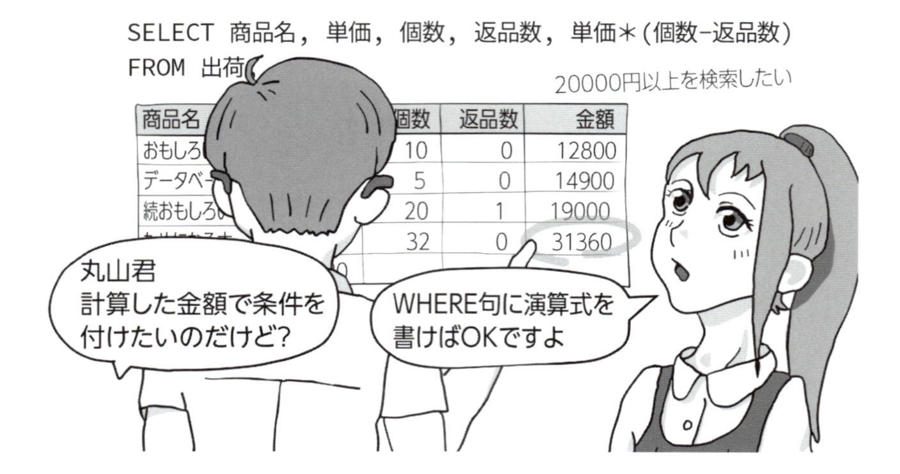

WHERE句の**条件式でも算術演算子を使って計算を行うことが可能**です。部長は「単価＊(個数-返品数)」で計算した金額が2万円以上となっているデータを検索したいので、次のクエリでOKです。

```
SELECT 商品名, 単価, 個数, 返品数, 単価*(個数−返品数) AS 金額
FROM 出荷
WHERE 単価*(個数−返品数)>=20000;
```

比較演算子よりも算術演算子のほうが優先順位は高くなります。なので算術演算子による演算がひととおり終わってから比較演算子での比較が行われます。

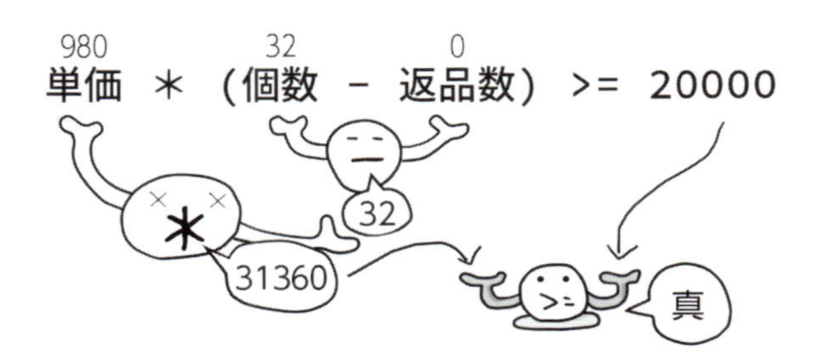

クエリの実行結果は次のようになります。

```
SELECT 商品名, 単価, 個数, 返品数,
単価＊(個数−返品数) AS 金額
FROM 出荷
WHERE 単価＊(個数−返品数) >= 20000;
```

条件を付けた

商品名	単価	個数	返品数	金額
ためになる本	980	32	0	31360

20000円以上が検索できた

2 WHERE句で別名は使えない

金額が2万円以上であるデータの検索に成功した部長です。金額をSELECT句で計算しているので、WHERE句でも金額を使うことができるのでは？という疑問のようです。

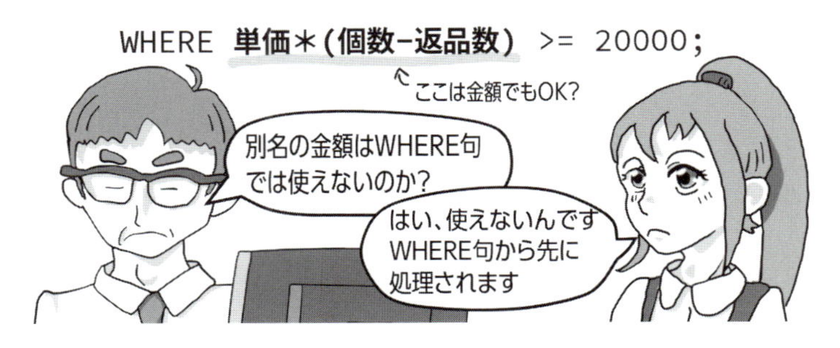

部長の疑問はもっともな話です。せっかく計算して金額という名前を付けたのだからWHERE句で金額って書いたら計算式を当てはめてくれたってよいじゃない、と思ってしまいますよね。しかし**WHERE句で別名は使うことはできません**。次のクエリはエラーになってしまいます。

```
SELECT 商品名, 単価, 個数, 返品数, 単価*(個数-返品数) AS 金額
FROM 出荷 WHERE 金額>=20000;
```

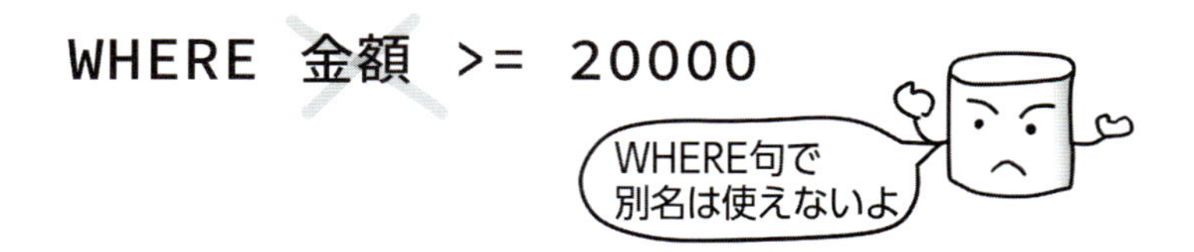

どうして別名が使えないのか説明しましょう。それは、SELECT句とWHERE句の処理順序にあります。DB君は**WHERE句から先に処理**します。一時的な仮データにWHERE句の条件に合う行をコピーしていきます。その後SELECT句に書かれている式を演算して別名を付けるのです。

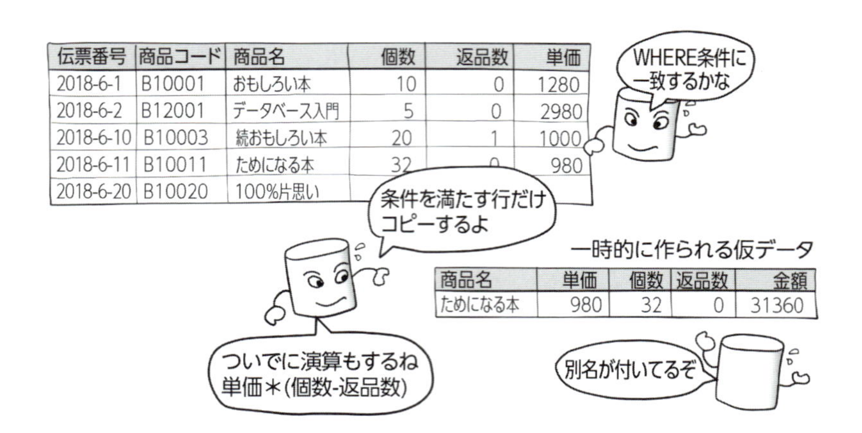

WHERE句を処理している段階ではまだ別名が付いていないので、金額と書かれても「そんな列はありません」ということになるわけです。

3 計算した金額で並べ替えてみよう

WHERE句で別名が使えないことには一応納得した部長です。今度は計算した金額で並べ替えをしたいようです。

そうなんです。**ORDER BY句では別名が使えます**。実際にやってみたのが次のクエリです。

```
SELECT 商品名, 単価, 個数, 返品数, 単価*(個数-返品数) AS 金額
FROM 出荷 ORDER BY 金額 DESC;
```

ORDER BY句での並べ替え処理はSELECT句での演算処理が終わってから行われるため、ASで付けた別名が使用できるのです。

SELECT 商品名, 単価, 個数, 返品数, 単価＊(個数−返品数) AS 金額
FROM 出荷 **ORDER BY 金額** DESC;

ORDER BYでは別名が使える

商品名	単価	個数	返品数	金額
ためになる本	980	32	0	31360
続おもしろい本	1000	20	1	19000
データベース入門	2980	5	0	14900
おもしろい本	1280	10	0	12800
100%片思い	480			

実行結果

金額で降順ソートされた

NULLについて理解してみよう

データベースではデータが存在しない状態をNULL(ヌル)で表現します。NULLはデータベースならではの「重要な概念」といえます。NULLについて理解していきましょう。

1 NULLってなに?

金額を計算したときに計算結果になにも表示されない行が気になっている部長です。さっそく丸山君に質問です。

データが**NULL(ヌル)**っていわれてもよくわからないですよね。プログラミングの世界では結構有名なNULLですが、ふだんはNULLなんていう言葉は使いませんよね。**NULLはセルにデータが入っていない状態**のことをいいます。なにも記録されていないのでなにも表示されません(クライアントによっては薄っすらと(null)みたいに表示される場合もあります)。

商品名	単価	個数	単価＊個数
おもしろい本	1280	10	12800
データベース入門	2980	5	14900
続おもしろい本	1000	20	20000
ためになる本	980	32	31360
100%片思い	480		

(null)みたいに表示される場合もあり

SQLにおいてNULLはデータが空であることを意味する予約語ですが、リテラルではありません。NULLは状態であり、具体的な値を持ちません。なので**NULL値という表現はおかしい**ことになります。正しくいうのなら**NULL状態**でしょう。値ではないので、NULLに型はありません。数値型の列でも文字列型の列でもデータが入っていない状態がNULLです。

NULL状態となっている列を使って演算すると結果はNULLになります。「100%片思い」の行では個数の列がNULL状態になっています。「単価＊個数」を計算しますが、個数がNULLであるため結果もNULLになります。

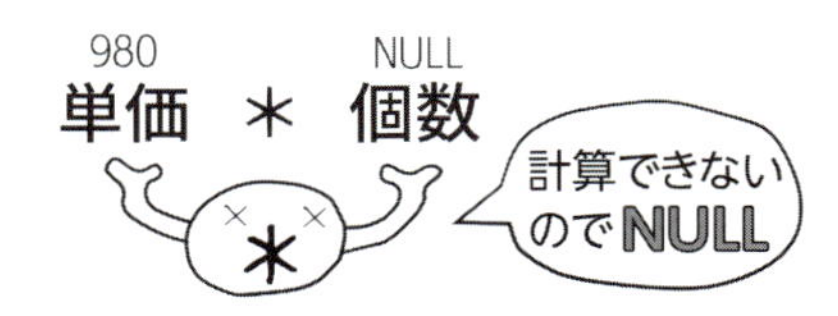

2 NULLを検索してみよう

NULLの存在を知って、NULLを検索してみようとがんばってみた部長ですが、どうもうまくいかないようです。丸山君に泣きついています。

部長は次のクエリでNULLの検索に失敗しました。そうなんですNULLはリテラルではないので、算術演算も比較演算もできません。

```
SELECT * FROM 出荷 WHERE 個数 = NULL;
```

上記のクエリでは行はまったく取得できません。それでは困ることも多くあるので、逃げ道が用意されています。次のように**IS NULL（イズヌル）**を使うことで個数列がNULL状態にある行を検索することができます。

```
SELECT * FROM 出荷 WHERE 個数 IS NULL;
```

SELECT ＊ FROM 出荷 WHERE 個数 **IS NULL**;

IS NULLでNULLを検索

伝票番号	商品コード	商品名	個数	返品数	単価
2018-6-20	B10020	100%片思い			480

検索できた

「NULLでない」といった検索をするときは、**IS NOT NULL**とすればOKです。次のクエリは個数列がNULLでない行を検索します。

```
SELECT * FROM 出荷 WHERE 個数 IS NOT NULL;
```

セルがNULL状態にあるとなにもデータがない空っぽな状態なので、具体的な値を持ちません。値がないので計算できないばかりか、特殊な検索方法でなければ検索できません。大小関係も決定できないのでソートをしたときには先頭または末尾にまとめられます。

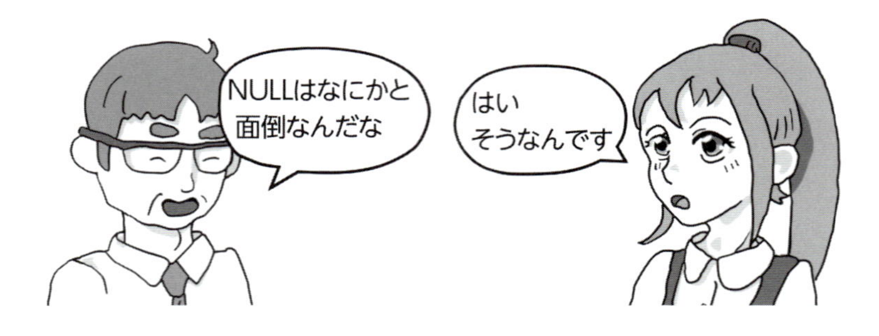

3 NULLを0にして計算してみよう

NULLがなにかと面倒な存在であることに気付き始めた部長です。NULLをどうにか0に変換して演算できないものか調べているようです。

部長が思っているとおりNULLをなにかに変換したい場面は多くあります。別のシステムにデータを持って行ったときに、NULLを受け付けてもらえなかったりすると、変換が必要になってきます。

CASE式でNULLを変換

CASE（ケース）式を使うことで条件分岐を伴うような変換演算を行うことができます。NULLのときは0に変換して、NULLでないときは個数列のデータで金額を計算させるということがCASE式で可能になります。NULLであるかどうかで条件分岐させるということですね。

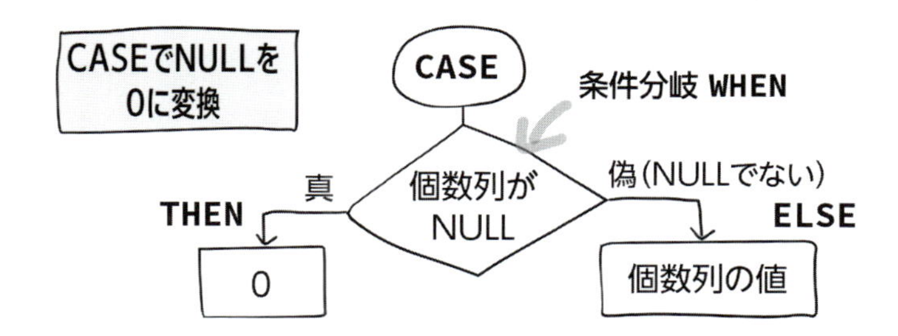

実際のCASE式でNULLを0に変換するクエリは次のようになります。

```
SELECT 商品名, 単価, 個数,
単価*CASE WHEN 個数 IS NULL THEN 0 ELSE 個数 END
FROM 出荷;
```

```
SELECT 商品名, 単価, 個数,
単価*CASE WHEN 個数 IS NULL THEN 0 ELSE 個数 END
FROM 出荷;
```

CASEでNULLを0に変換

商品名	単価	個数	単価*CASE...
おもしろい本	1280	10	12800
データベース入門	2980	5	14900
続おもしろい本	1000	20	20000
ためになる本	980	32	31360
100%片思い	480		0

実行結果

0に変換して演算できた

CASE式の文法

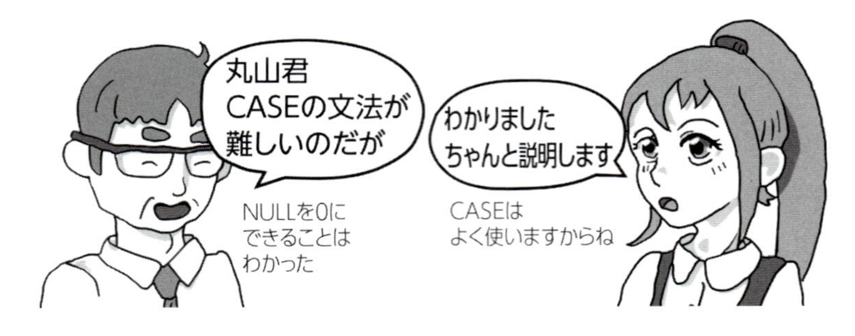

CASEは手続き型言語におけるif else-if文と同じような機能を持ちますので少々構文が複雑です。

まず**CASEから始まってENDまでがCASE式**です。

```
SELECT 商品名, 単価, 個数,
単価 * CASE WHEN 個数 IS NULL THEN 0 ELSE 個数 END
```

CASE式

ここから

ここまでがCASE式

CASE式の中にはWHEN THENまたはELSEを書くことができます。ただしELSEは最後に1つだけ書きます。ちょっと長いので改行を入れました。

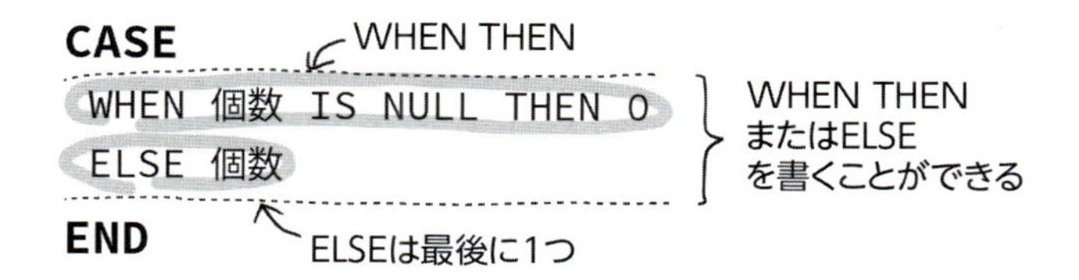

WHEN THENの文法はWHENに続けて条件式を書きます。THENの次にはWHENの条件式が真となったときに戻す値を書きます。WHEN THENは必要なら複数書くことができます。またELSEは必要なければ省略できます。

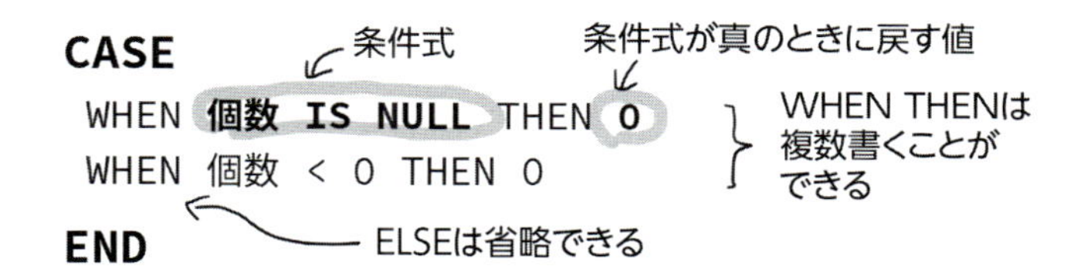

CASEは書かれている順番でWHENの条件式を調べていきます。最初に条件式が真となったWHENのTHENで指定されている値を戻してCASEを終了します。WHENのどの条件式も真とならなかったときにはELSEで指定されている値が戻されます。

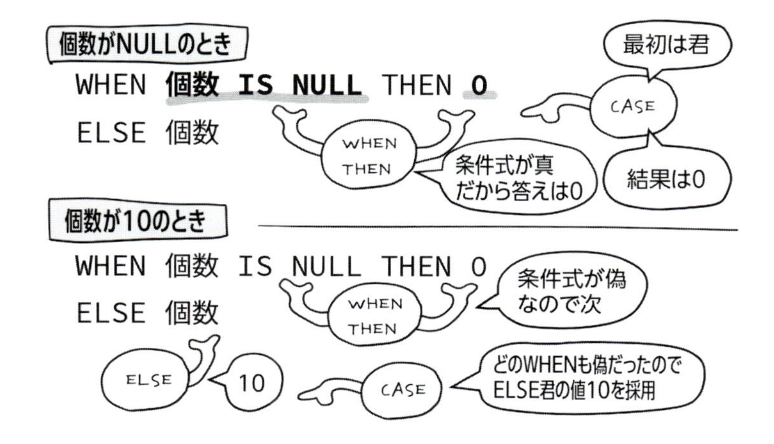

第6章のまとめ

演算子を使って計算することができます

演算子はSELECT句、WHERE句ORDER BY句で使うことができます

NULLは検索や計算ができません

関数を使ってデータを加工してみよう

算術関数を使ってみよう

SQL命令にはあらかじめ便利な関数が多数用意されています。まずは、四捨五入を行うかんたんな関数から見ていきましょう。

1 四捨五入してみよう

消費税を含めた金額を計算した部長なのですが、小数点以下の端数が出てきてしまったようです。四捨五入をしたいとの質問です。

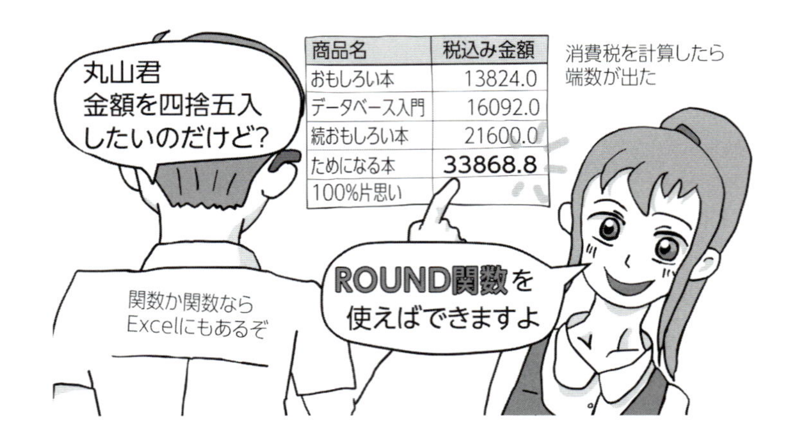

消費税の8%を計算すると小数点以下の端数が出てしまうときがあります。四捨五入をしたいわけですが、計算式を考えるのが少々面倒ですよね。SQLではそういった「よく行うであろう演算処理」が関数としてまとめられ提供されています。

関数は機能ごとに名前が付けられています。四捨五入を行いたいときは**ROUND(ラウンド)関数**を使います。関数名でどういった計算を行うのかを指示できるわけです。

消費税込みの金額を四捨五入するクエリは次のようになります。

```
SELECT 商品名, 単価 * 個数 * 1.08, ROUND(単価 * 個数 * 1.08)
FROM 出荷;
```

```
SELECT 商品名, 単価*個数*1.08, ROUND(単価*個数*1.08)
FROM 出荷;
```

ROUNDで四捨五入

商品名	単価*個...	ROUND(単価...
おもしろい本	13824.0	13824.0
データベース入門	16092.0	16092.0
続おもしろい本	21600.0	21600.0
ためになる本	**33868.8**	**33869.0**
100%片思い		

実行結果

四捨五入できた

切り捨てしたい

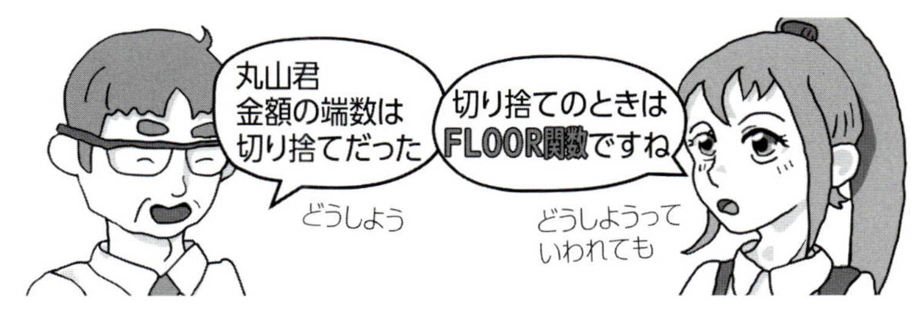

「税込み金額の端数は切り捨てだよ」ということもあるかと思います。四捨五入はROUNDでできるのですが、切り捨ては**FLOOR（フロアー）関数**で行います。切り上げは**CEILING（シーリング）関数**です。FLOORとCEILINGは正の数を扱う分には切り捨てと切り上げになりますが、負の数を与えると意味合いが逆転することになるので注意してください。

正の数

FLOOR(1.3) → 1 切り下げ
CEILING(1.3) → 2 切り上げ

負の数

FLOOR(-1.3) → -2 切り下げ
CEILING(-1.3) → -1 切り上げ

切り捨てなのは
正と負で逆転

次は消費税込みの金額を「切り捨て」と「切り上げ」するクエリです。端数が出る「ためになる本」の行だけに限定しています。

```
SELECT 商品名, FLOOR(単価*個数*1.08), CEILING(単価*個数*1.08)
FROM 出荷 WHERE 商品名='ためになる本';
```


```
SELECT 商品名,FLOOR(単価*個数*1.08),CEILING(単価*個数*1.08)
 FROM 出荷 WHERE 商品名='ためになる本';
```


実行結果

商品名	FLOOR(単...	CEILING(単...
ためになる本	33868.0	33869.0

切り上げ・切り捨て前の数値

33868.8

切り捨て　切り上げ

TRUNCで切り捨て

このように呼び出す関数により演算処理の内容を変化させることができます。実は、端数の切り捨ては「TRUNC（トランク）/TRUNCATE（トランケート）」関数で行うことも可能です。TRUNCの場合は負の数であっても端数が切り捨てになります。しかし、TRUNC関数を利用できないデータベースもあるため、切り捨てはFLOOR関数で行うと解説しました。どういった関数が利用可能なのかについてはデータベース製品ごとに異なります。提供されている関数は数多くあり、標準化が進んでいない部分でもあります。どの関数が使えるのかについてはご使用のデータベースのマニュアルなどを参照いただきたいと思います。

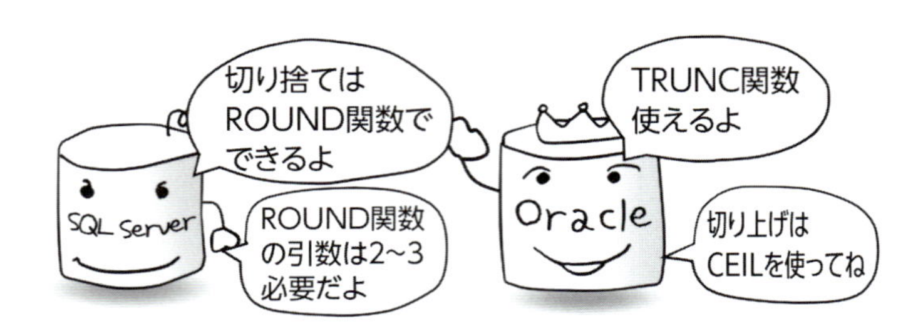

2 関数ってなに？

ROUNDやFLOORを使って端数処理できた部長ですが、関数について疑問があるようです。

部長のいうとおりExcelでも関数を使っていろいろな計算ができますよね。SQLでの関数も考え方は同じです。でも関数ってなんでしょうか、改めて考えてみたいと思います。

○ 引数と戻り値

関数は学校の数学でも習いましたよね。「y=f（x）」っていう数式を覚えていますでしょうか？

ここで**fが関数でxが引数**です。関数fに引数xを与えると答えとしてyが戻ってくることを意味しています。図にしてみたら次のような感じです。

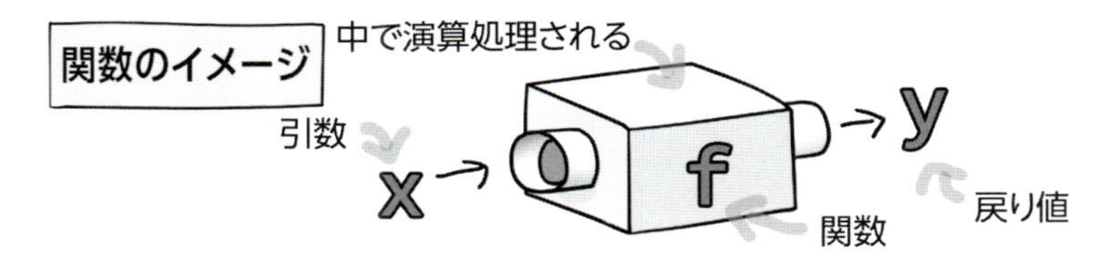

SQLでの関数でも同じように引数と戻り値があります。四捨五入を行うクエリを例にしましょう。ROUND関数に対して「単価*個数*1.08」を引数で与えています。ROUND関数は小数点以下の端数を四捨五入して戻り値が戻ります。

単価と個数の値は各行で異なっていますから、行ごとに演算処理が行われてその結果が表示されます。

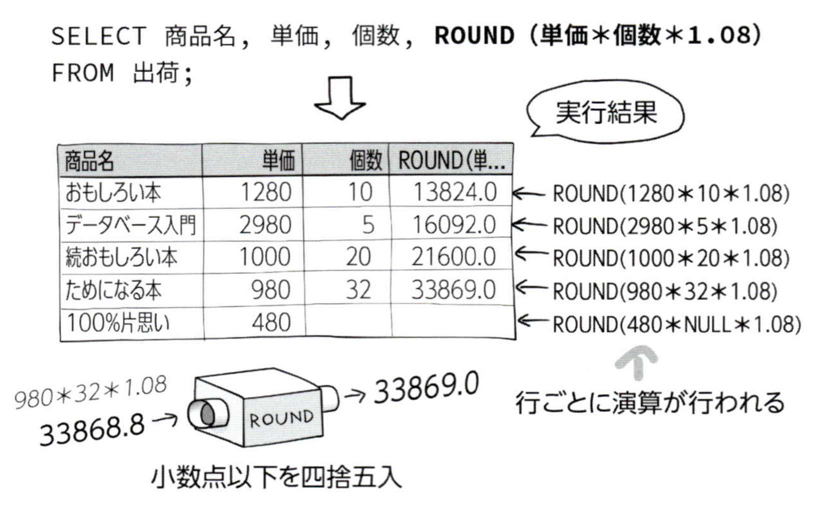

商品名	単価	個数	ROUND(単...
おもしろい本	1280	10	13824.0
データベース入門	2980	5	16092.0
続おもしろい本	1000	20	21600.0
ためになる本	980	32	33869.0
100%片思い	480		

スカラー関数と集約関数

SQLでの関数は大きく2つに分類できます。1つはROUNDやFLOORのように単一の値を引数で与えて単一の値が戻り値として戻ってくる通常の関数です。**スカラー関数**と呼ばれることもあります。

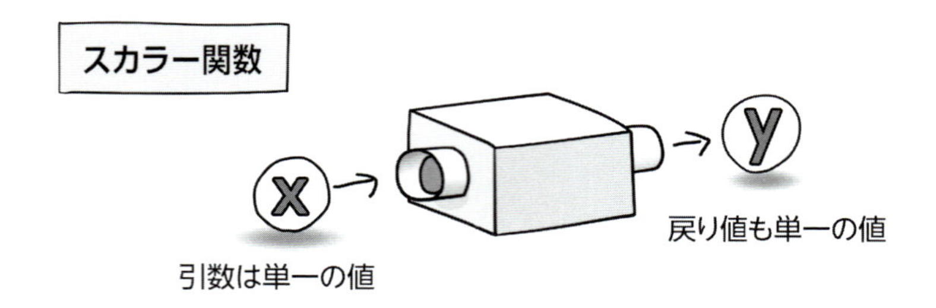

もう1つの分類は**集約関数**と呼ばれるものです。集約関数は引数で値の集合が入力され単一の値を戻すような関数です。

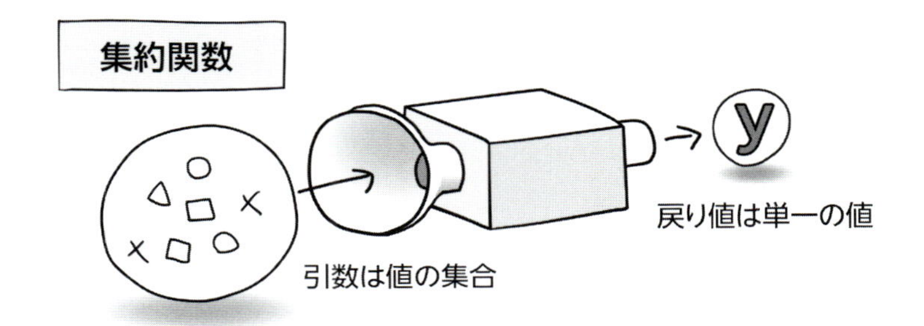

Excelで合計値を計算するときに使うSUMが集約関数の代表例です。SUMには引数でセル範囲を与えます。セル範囲で指定された全てのセル値を合算して戻します。

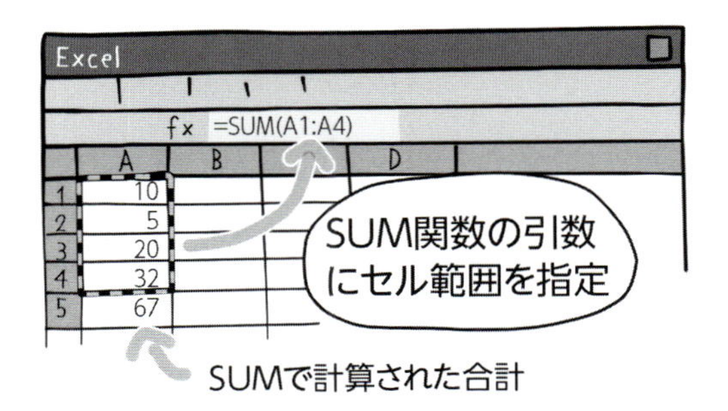

これ以降の7章で紹介していく関数はどれもスカラー関数になります。集約関数については「**9章　集計してみよう**」（202ページ）で詳しく見ていきますのでお楽しみに。

7-2 文字列関数を使ってみよう

関数は数が多いので全てを紹介することはできません。ここでは文字列を扱ういくつかの関数について、かいつまんで解説します。

1 文字列結合をしてみよう

見積書などの書類を作成するときは金額の前に円マークを付けることがあります。Excelでは書式設定すれば円マークを付けることができますが、SQLではどうやってやるのでしょうか。

SQL命令を実行する汎用的なクライアントには書式変更のような機能は期待できません。せいぜいフォントサイズを変更できるくらいです。結果として取得できたデータがそのまま表示されるだけなので、書式変更をするとしたらSQL命令で行うしかありません。

頭に円マークを付けるくらいのかんたんな文字列の加工であれば、文字列結合を行うことで対応できます。

まずは、文字列結合で頭に円マークを付けるクエリを見てみましょう。

```
SELECT 商品名, 単価, 個数, '¥' || 単価*個数
FROM 出荷;
```

```
SELECT 商品名, 単価, 個数, '¥' || 単価*個数
FROM 出荷;
```

文字列結合

商品名	単価	個数	'¥' ||単価...
おもしろい本	1280	10	¥12800
データベース入門	2980	5	¥14900
続おもしろい本	1000	20	¥20000
ためになる本	980	32	¥31360
100%片思い	480		

実行結果

NULLは文字列結合できない

頭に¥が付いた

文字列結合は||（縦棒が2つ）演算子を使って行います。データベースによりますが**+演算子**や**CONCAT関数**で文字列結合を行う場合もあります。

||演算子は左右に書かれた文字列を結合して1つの文字列にするような演算を行います。

文字列結合

```
'123' || '456' ——> '123456'
'123' + '456' ——> '123456'
CONCAT('123','456') ——> '123456'
```

文字列'123'と文字列'456'を結合すると'123456'が生成される

文字列結合における型変換

||演算子で文字列結合したわけですが、「単価*個数」で計算された金額は数値型の値になります。一方の円マーク'¥'は文字列型のリテラルですからデータ型は文字列型です。演算子の左右でデータ型が異なるときは型変換が発生します。「**リテラルってなに？**」（74ページ）でも解説しているとおり、**数値型と文字列型を比較演算するときは文字列型が数値型に型変換**されます。

'¥' || 単価＊個数

文字列型　数値型

←型が異なる→

'¥'を数値型に型変換？

比較演算を行うときにデータ型が異なっていると文字列型のデータが数値型に変換され、変換できないとエラーになりました。データ型の変換ルールはデータ型の優先順位に従って行われます。文字列結合の場合でも型変換が行われますが、決まって文字列型への型変換が行われることになります。**文字列結合のときは特別に変換ルールが無視される**ということです。

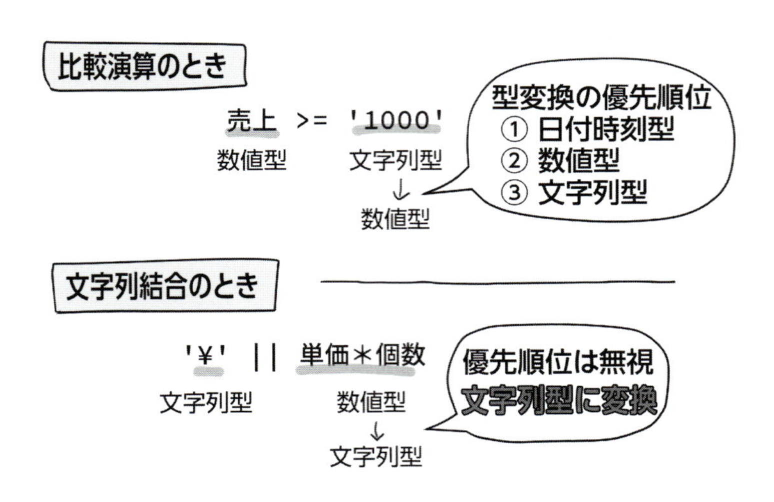

CASTによる明示的な型変換

＋演算子で文字列結合を行うデータベースの場合、数値型の足し算と文字列型の文字列結合の区別が付きません。なので、文字列結合だから「型変換のルールを特別にする」ということができません。文字列型が数値型に型変換されてしまいますので、次のクエリはエラーとなり実行できないのです。

```
SELECT 商品名, 単価, 個数, '¥' + 単価*個数
FROM 出荷;
```

このような問題は型変換をDB君に任せてしまうことで発生します。型変換をDB君に任せないで、明示的に型変換の方法を指定することで問題を回避できます。**明示的に型変換を行うときはCAST（キャスト）関数を使用**します。次のようにクエリを変更すれば文字列型どうしの演算になるのでうまくいきます。

```
SELECT 商品名, 単価, 個数, '¥' + CAST(単価 * 個数 AS VARCHAR)
FROM 出荷;
```

SELECT 商品名, 単価, 個数,
'¥' + **CAST(単価*個数 AS VARCHAR)** FROM 出荷;

＋で文字列結合

CASTで文字列型に型変換

商品名	単価	個数	'¥'+CAST(単...
おもしろい本	1280	10	¥12800
データベース入門	2980	5	¥14900
続おもしろい本	1000	20	¥20000
ためになる本	980	32	¥31360
100%片思い	480		

実行結果

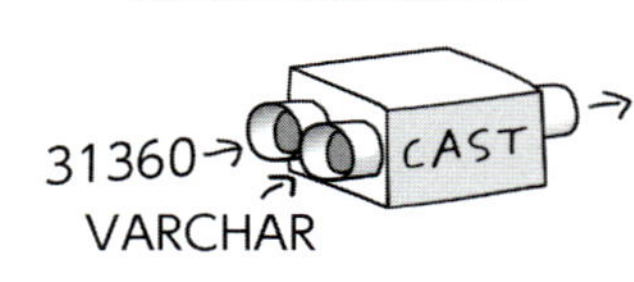

＋演算子での文字列結合はSQL Serverで行うことができます。CAST関数は標準SQLで規定されているため、多くのデータベースで利用可能です。

2 先頭の1文字を取り除いてみよう

商品コードの列にはその商品に対応する番号が記録されているのですが、先頭にBookを意味するBの文字が付けられています。これが気にいらない様子の部長です。

バーコードでおなじみのJANコードは桁数が決まっていて、先頭の2文字は国番号であるという決まりになっています。また最後の1文字はチェックデジットで誤り防止に使用されるものです。このようなコードから部分的に文字を取り出して処理したいときに便利なのが**SUBSTRING（サブストリング）関数**です（Oracleでは**SUBSTR関数**）。

SUBSTRING関数には対象となる文字列と抽出を開始する文字の位置、それに抽出する文字数を引数で指定します。部長は商品コードの先頭のBが不要と考え

ているので、商品コードの2桁目から5文字分を抽出できればOKでしょう。実際のクエリは次のようになります。

```
SELECT 商品名, 商品コード, SUBSTRING(商品コード, 2, 5)
FROM 出荷;
```

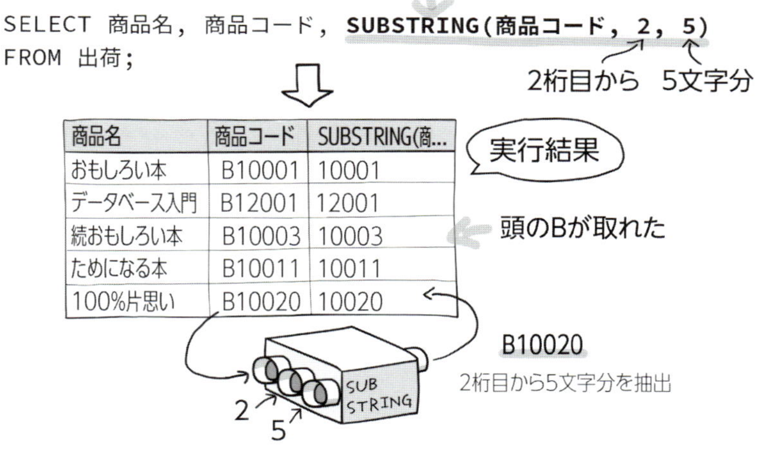

商品名	商品コード	SUBSTRING(商...
おもしろい本	B10001	10001
データベース入門	B12001	12001
続おもしろい本	B10003	10003
ためになる本	B10011	10011
100%片思い	B10020	10020

SUBSTRING関数はWHERE句でも使用できますから、次のクエリで、先頭がBになっている行を検索することができます。

```
SELECT 商品コード, 商品名
FROM 出荷 WHERE SUBSTRING(商品コード, 1, 1) = 'B';
```

サンプルデータでは全ての行で商品コードの値がBから始まっているので、全行が検索できます。将来的にB以外の文字から始まるデータが含まれるようになったら有用なクエリになると思います。

また、SUBSTRING関数に限らずスカラー関数ならWHERE句で使用することができますので覚えておきましょう。

3 スペースを取り除いてみよう

文字列結合を覚えた部長はいろいろな列に対して文字列加工をしてみたところ、伝票番号の列によけいなスペースが入っていることに気付いたようです。

伝票番号の列は桁をそろえるために空いた部分にスペースが入っています。本来は「2018-06-01」のように月と日に0を埋めて10桁にしたほうがよかったのですが、「2018-6-1 」と末尾に2つのスペースが入っていて全体で10桁になっています。

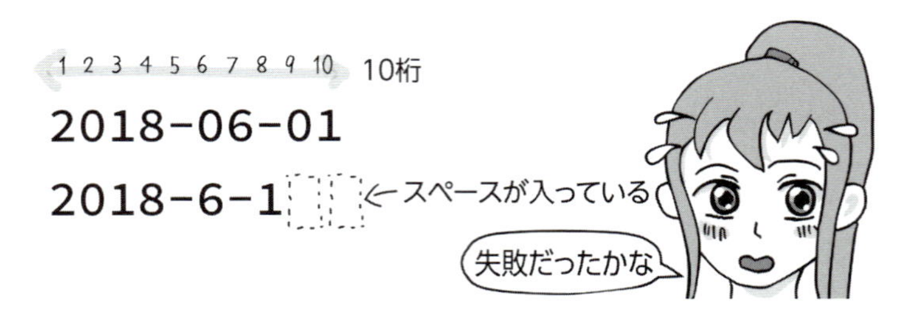

丸山君のせいではありませんが、スペースは表示されないのでちょっとやっかいです。「伝票番号='2018-6-1'」といった条件を付けてもスペースが入っているので検索できません。そこで**TRIM(トリム)関数**の出番です。TRIM関数でスペースを取り除くことができるので、SELECT句とWHERE条件のところでTRIM関数を使って伝票番号列からスペースを取り除いてみましょう。

```
SELECT '[' || 商品名 || ']', '[' || TRIM(伝票番号) || ']'
FROM 出荷 WHERE TRIM(伝票番号) = '2018-6-1';
```

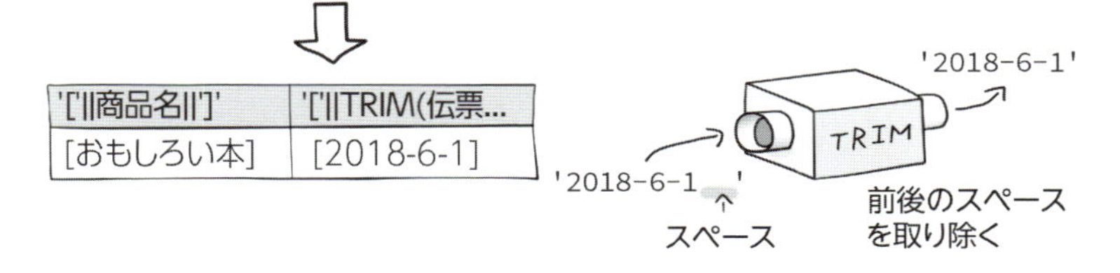

TRIM関数でスペースを取り除くことができたので、検索ができるようになりました。SQL ServerではRTRIMを使ってください。

伝票番号の例ではスペースが末尾に入っており、これを取り除くことができました。TRIM関数では先頭にスペースが入っているときでもこれを取り除きます。文字列の途中にあるスペースは取り除かれません。

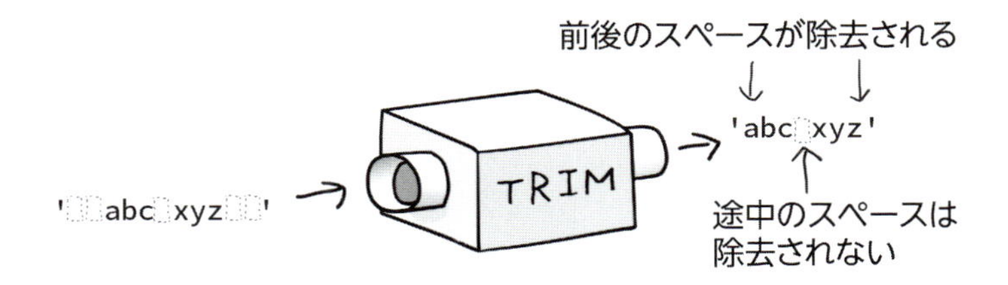

固定長文字列型である列ではスペースで埋められることがあります。こういったスペースを取り除くにはTRIM関数が便利です。固定長文字列についてはこのあとで説明します。

4 固定長文字列ってなに？

知らない用語、固定長文字列というものに引っかかっている部長です。

テーブルの列にはデータ型が設定されていることを説明したと思います。商品名や商品コードなど、数値ではなく文字データが入る列が文字列型に設定されています。**文字列型は可変長文字列型と固定長文字列型の2つの型に細分**されます。

可変長文字列型 VARCHAR

商品名列のように入る文字列の長さがまちまちなときは、可変長文字列型に設定されます。

可変長文字列型

商品名列は可変長文字列型

伝票番号	商品コード	商品名	個数	返品数	単価
2018-6-1	B10001	おもしろい本	[illegible]	[illegible]	[illegible]
2018-6-2	B12001	データベース入門	[illegible]	[illegible]	[illegible]
2018-6-10	B10003	続おもしろい本	[illegible]	[illegible]	[illegible]
2018-6-11	B10011	ためになる本	32	0	980
2018-6-20	B10020	100%片思い			480

長さがまちまち

テーブルの中に記録されるデータは文字列の有効な部分だけになります。「おもしろい本」であれば6文字分だけが記録されます。

CAST関数のところで**VARCHAR（バーチャー）**というものが出てきました。VARCHARが可変長文字列型を意味するキーワードになります。

可変長といってもいくらでも大きな文字列が記録できるわけではありません。実際に列が定義されるときには、その列に記録できる最大の文字列長もいっしょに定義されます。最大長を超えるような長い文字列は記録できません。

商品名　VARCHAR(20)　20まで　商品名列の最大長は20

伝票番号	商品コード	商品名		単価
2018-6-1	B10001	おもしろい本		80
2018-6-2	B12001	データベース入門	5 0	2980
2018-6-10	B90009	長い名前の商品名は…		

この部分は記録されない

はみ出すような文字列は記録できない

固定長文字列 CHAR

商品名列の左隣りにある商品コード列はどれも同じ文字数です。そのような列は固定長文字列型に設定するのが適しています。SQLでのキーワードは**CHAR（チャー）**になります。

固定長文字列でも列を定義するときに文字列の長さが指定されます。指定された文字列数よりも長い文字列は記録できません。短いときには足りない部分にスペースが埋められて記録されます。常に文字列の長さが同じになるように調整されるわけです。

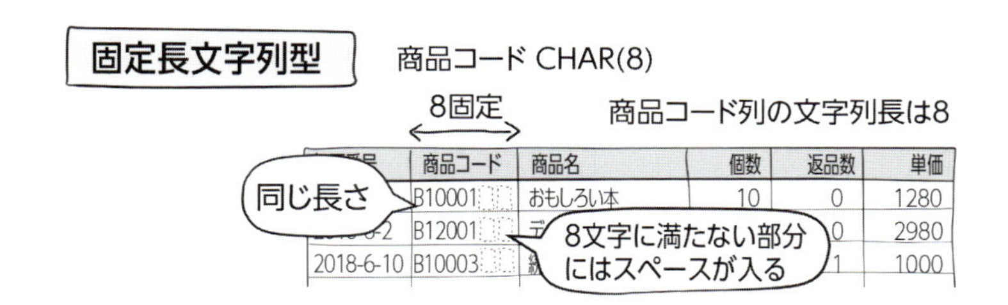

固定長文字列の比較演算

サンプルデータの出荷テーブルでは商品コード列が長さ8の固定長文字列型に設定されています。伝票番号列も固定長のほうがしっくりきますが、TRIM関数の説明のため可変長文字列型としました。

固定長文字列型で補填されたスペースは比較のときには無視されます。固定長文字列に設定された商品コード列では、補填された**よけいなスペースはDB君が取り除いて比較**してくれるので、スペースのことは気にする必要はありません。

次のクエリで商品コード列が'B12001'となっているデータを検索することができます。

```
SELECT * FROM 出荷
WHERE 商品コード = 'B12001';
```

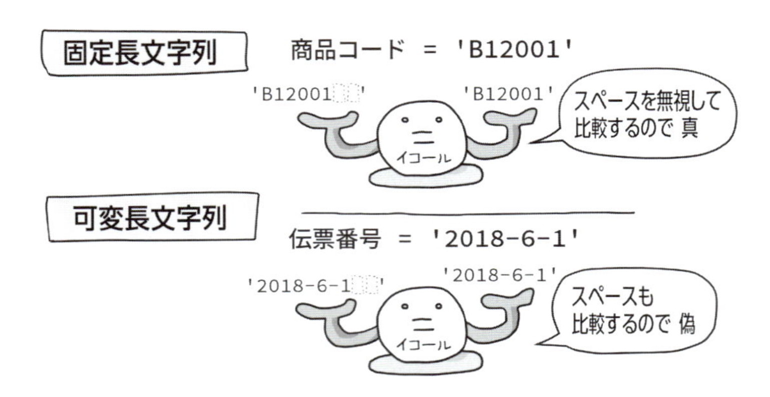

商品コード列は桁数が8の固定長文字列型に設定されています。実際のデータは'B12001'のように6文字しかありませんので、末尾に2つのスペースが補填されています。比較演算を行うときに補填されたスペースは無視されますのでTRIM関数を使用しなくても検索ができます。

文字列結合するときはスペースが残ってしまうデータベースもあります。スペースが不要であれば、TRIM関数で取り除いてしまうとよいでしょう。

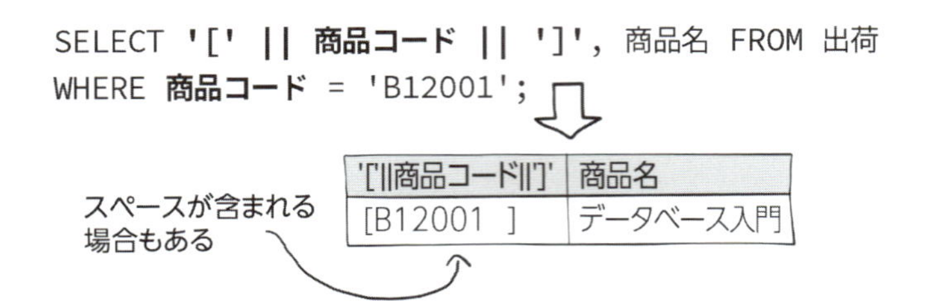

'['||商品コード||']'	商品名
[B12001]	データベース入門

5 文字列の長さを計算してみよう

文字列型の列では文字列の長さに制限があることを覚えた部長です。データの大きさが気になっているようです。

丸山君のいうとおり**OCTET_LENGTH（オクテットレングス）関数**で文字列データの長さを計算することができます（Oracleでは**LENGTHB関数**をSQL Serverでは**DATALENGTH関数**を使用します）。商品名列で文字列の長さを計算してみましょう。

```
SELECT 商品名, OCTET_LENGTH(商品名) FROM 出荷;
```

SELECT 商品名，**OCTET_LENGTH（商品名）** FROM 出荷；

商品名の長さを計算

商品名	OCTET_LE...
おもしろい本	12
データベース入門	16
続おもしろい本	14
ためになる本	12
100%片思い	14

実行結果

文字数とは
違っているよう
だが？

部長が気付いたようにOCTET_LENGTHで得られる文字列長は文字数ではありません。**文字数ではなくバイト数で文字列の長さが戻されます**。

6 バイトってなに？

またもやよくわからない「バイト」というものが出てきて戸惑っている部長です。わからないことは丸山君に質問です。

コンピューターに搭載されているメモリーやハードディスクの容量の単位で**バイト**が使われるので、聞いたことはある方は多いと思います。**1バイトは8ビットの大きさです**とよく説明されますが、じゃあビットってなに？という新たな疑問が出てきますよね。**コンピューターは全ての数値を2進数で記憶し演算処理**します。2進数は0と1しか出てこない数の表記方法です。0と1をたくさん並べて大きな数を表現するのが2進数の特徴です。

10進数	2進数
0	0
1	1
2	10
3	11

10進数	2進数
4	100
5	101
6	110
7	111

3ビットあれば
7まで表現
できる

2進数における1桁がビットです。10進数で0から7までの数値を2進数で表現するためには3桁必要になるので、データ量としては3ビットが必要ということになります。1バイトは8ビットであるため、2進数で表記すると0から11111111（1が8個）までの数値を表現できることになります。2進数の11111111を10進数にすると255になります。

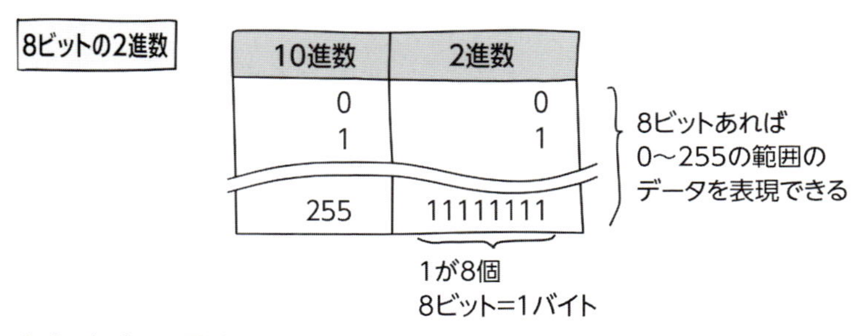

全角文字の長さ

コンピューターが英数字しか扱えなかった時代では文字数がバイト数と一致していました。1文字を1バイトの記憶容量でまかなえていたからです。今日のコンピューターでは英数字のほかに漢字やハングル文字、アラビア文字など世界各国の文字が使用可能です。全ての文字を1バイト（0〜255）の数値で表現することは不可能であるため2バイト（場合によっては4バイト）に拡張して漢字やハングル文字を記録しているのです。このような**2バイトで1文字を表現するような全角文字はマルチバイト文字**と呼ばれます。

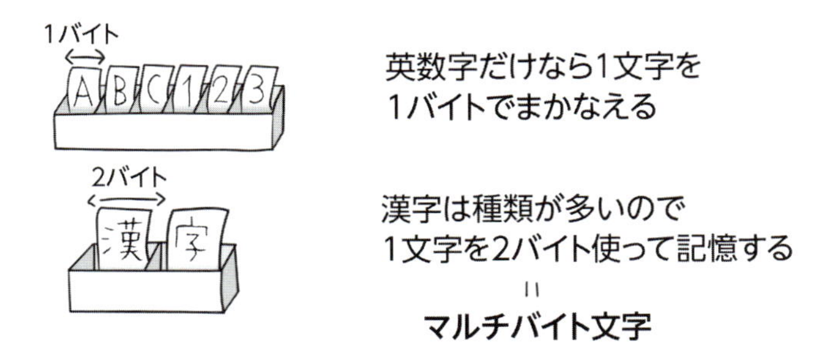

というわけでOCTET_LENGTH関数は文字列長をバイト単位で計算します。OCTETは英語で8組を意味します。8ビットのことですね。マルチバイト文字は1文字で2バイト（16ビット）必要とするので文字数の倍の値が計算されていることになります。

文字数が知りたいときは**CHARACTER_LENGTH（キャラクターレングス）関数**を使うとよいでしょう（Oracleでは**LENGTH関数**、SQL Serverでは**LEN関数**を使います）。次のクエリは、OCTET_LENGTHとCHARACTER_LENGTHの両方で文字列の長さを計算させたものです。

```
SELECT 商品名, OCTET_LENGTH(商品名),
CHARACTER_LENGTH(商品名) FROM 出荷;
```

SELECT 商品名, **OCTET_LENGTH（商品名）**,
CHARACTER_LENGTH(商品名) FROM 出荷;

商品名の長さをバイト数と文字数で計算

商品名	OCTET_LE...	CHARACTE...
おもしろい本	12	6
データベース入門	16	8
続おもしろい本	14	7
ためになる本	12	6
100%片思い	14	7

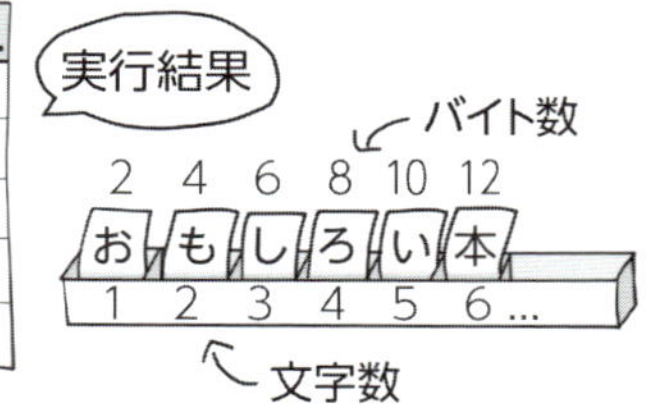

付属のSQL実行ツールが採用しているH2DatabaseはJavaで書かれているため、文字のエンコード方式はUnicode（ユニコード）となります。Unicodeでは通常、1文字が2バイトの大きさとなります。データベースが採用しているエンコード方式が異なると1文字の長さが変化しますので、OCTET_LENGTH関数が戻す値も変化することに注意しましょう。

○ 文字列長の制限

可変長、固定長にかかわらず文字列型の列には最大長が指定されました。このときの最大長の単位はデータベースによりバイト数であるものと文字数であるものが混在するので注意しましょう。

付属のSQL実行ツールでは、最大長は文字数での指定になります。商品名列は「VARCHAR(20)」と定義されているので、20文字を超える文字列は商品名列に記録することはできません。半角の英数字でも全角の漢字でも1文字で1と数えます。

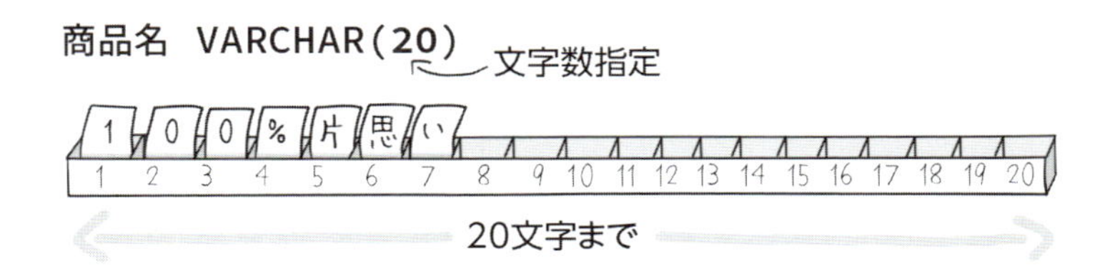

古くから存在するデータベースでは文字数ではなくバイト数での指定になります。「VARCHAR(20)」と定義されていたら「20文字まで」ではなく「20バイトまで記録可能な列」ということになります。1文字が2バイトの大きさとなるエンコード方式では10文字までしか記録できないということです。

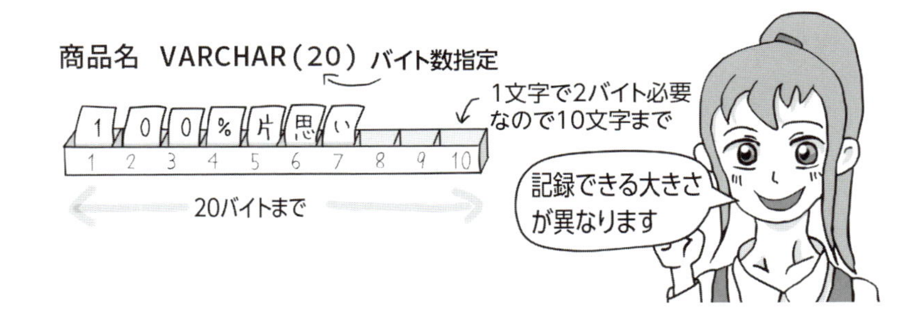

NCHARとNVARCHAR

データベースによっては**NCHAR**や**NVARCHAR**といったマルチバイト文字を記録するための専用の型が用意されていることもあります。これらのデータ型で列定義を行うときは最大長を文字数で指定します。

付属のSQL実行ツールでもNCHAR/NVARCHARを使用可能ですが、データ型の内容はCHAR/VARCHARと同じです。最大長は文字数指定になります。

7-3 日付関数を使ってみよう

日付や時刻の計算については、列のデータ型を日付時刻型にして、関数や演算子を使うと便利です。日付を扱う関数について解説します。

1 日付の計算をしてみよう

次の日を計算したい部長ですが、1カ月に31日あるとは限らないので苦戦しているようです。丸山君に愚痴をこぼしています。

うるう年のことを考えると日付の計算は面倒ですよね。データベースの日付型にデータを入れておけばかんたんに日付の計算をすることができます。次のクエリで翌日を計算することができます。

```
SELECT 商品名, 日付, 日付+1 AS 翌日 FROM 売上;
```

```
SELECT 商品名, 日付, 日付+1 AS 翌日 FROM 出荷;
```

翌日を計算

商品名	日付	翌日
おもしろい本	2018-05-01	2018-05-02
データベース入門	2018-05-01	2018-05-02
続おもしろい本	2018-05-02	2018-05-03
ためになる本	2018-05-03	2018-05-04
100%片思い	2018-05-31	2018-06-01

月が替わっても大丈夫

日付や時刻の計算方法はデータベースにより違いが大きい部分でもあります。前の例は＋演算子を使用して日付の値に+1を行って翌日を計算しました。＋演算子での日付の演算に対応していないデータベースではエラーになってしまったり、日付をそのまま数値に変換して+1するだけの結果になってしまったりするので注意してください。

標準SQLでは**INTERVAL（インターバル）型**というデータ型が規定されています。これを実装しているデータベースも多くあるのですが、微妙に差があるのが現状です。付属のSQL実行ツールではINTERVAL型は利用できません。

INTERVALキーワードを使うと期間を表すリテラルをわかりやすく表記することができます。日時を表すときには単位がたくさんありますよね。1日は24時間であり1440分でもあります。INTERVALを使用したら1日は「INTERVAL '1' DAY」24時間は「INTERVAL '24' HOUR」1440分間は「INTERVAL '1440' MINUTE」と書き表すことができます（Oracleでの表記方法）。

前ページでは1を加算して翌日を計算したわけですが、INTERVALを使って次のようにすることも可能です（付属のツールではエラーになります）。

```
SELECT 商品名, 日付, 日付+INTERVAL '1' DAY AS 翌日 FROM 売上;
```

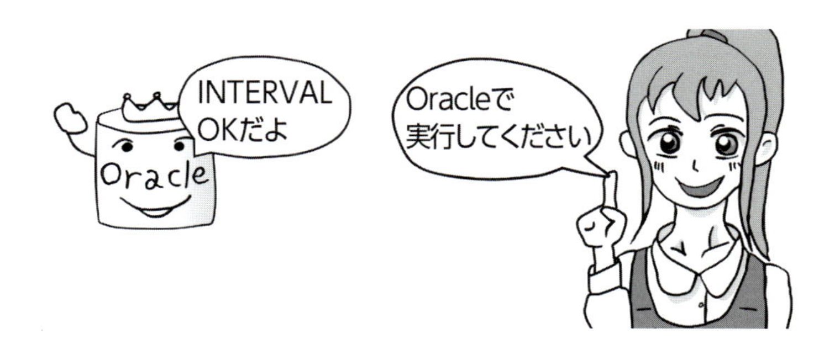

2 現在の日時を取得してみよう

日付の計算方法を会得してさらにSQLレベルが上がった部長です。今度は現在の日時を取得できないか丸山君に質問しているようです。

普通のコンピューターにはカレンダー機能付きの時計が付いています。この時計を見れば現在の日時がわかります。SQLでも**CURRENT_TIMESTAMP（カレントタイムスタンプ）関数**を使うことで現在の日時を取得することができます。

```
SELECT CURRENT_TIMESTAMP;
```

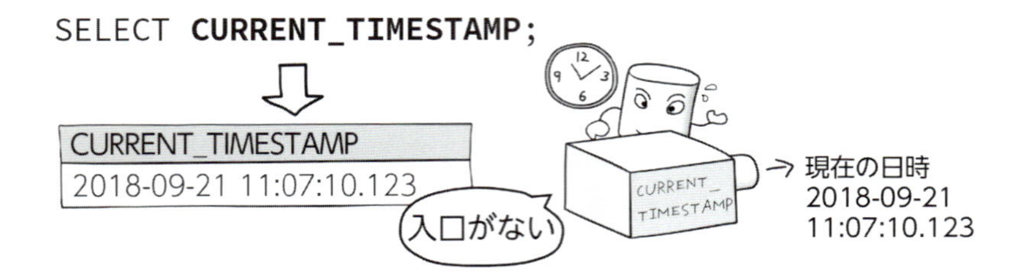

CURRENT_TIMESTAMP関数には引数がありません。入力となる入口がない珍しいタイプの関数です。CURRENT_TIMESTAMP関数の内部ではDB君がシステム内の時計を参照して現在の日時を戻してくれると考えてください。

念のための補足です。読者の皆さんがクエリを実行している日はきっと異なるので、このような結果にはなりませんのであしからず。

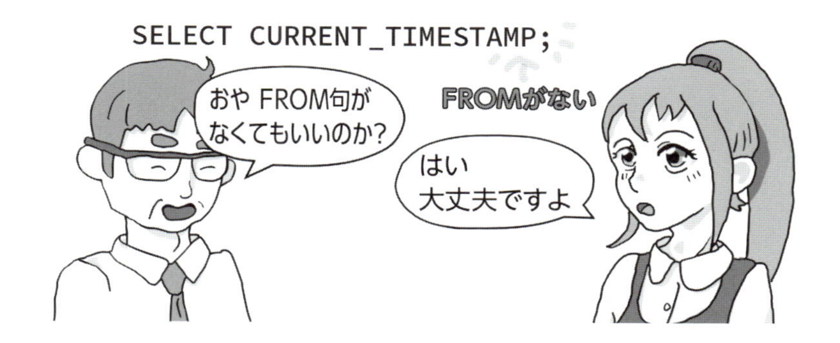

部長が気付いたように前のクエリにはFROM句がありません。2章でも少し解説しましたが、**FROM句を省略できる**データベースもあります。

CURRENT_TIMESTAMP関数には引数がありませんので、テーブルのセル値を引数で与える必要がありません。なのでFROM句でテーブルを指定する必要もないわけです。FROM句がないときの実行結果は常に1行だけになります。

```
SELECT CURRENT_TIMESTAMP;
```

← 引数を与える必要はない

CURRENT_TIMESTAMP
2018-09-21 11:07:10.123

← 結果は常に1行のみ

このFROM句を省略するテクニックは関数の動作確認や演算結果の確認を行いたいときによく使います。引数が必要な関数でもリテラルだけで構成された式ならテーブルは必要ありません。

```
SELECT CHARACTER_LENGTH('何文字ある');
```

CHARACTERLENG...
5

↑ リテラル指定ならテーブルは必要ない

FROM句を省略できないデータベースでは1行しかデータを持たないダミーとなるようなテーブルを指定することで同じことができます。OracleではDUALテーブルがダミーとして使えますので、次のようなクエリとなります。

```
SELECT CURRENT_TIMESTAMP FROM DUAL;
```

3 日付値から年月日を取得してみよう

日付型の便利さに目からうろこの部長です。年次での処理をしたいのか、日付型のデータから年の部分だけを取り出したいようです。

年次処理のときには今年のデータだけに絞り込みしたくなります。BETWEENで範囲指定することも可能ですが、日付型のデータから年だけを取り出して検索する方法もあります。

日付型のデータから**年だけを取り出す**には**EXTRACT(エクストラクト)関数**を使います。EXTRACTにはどの部分を取り出すのかの指定と日付型のデータの指定が必要です。次のクエリはCURRENT_TIMESTAMPで得られた現在の日時から年だけを取り出すものです。

```
SELECT EXTRACT(YEAR FROM CURRENT_TIMESTAMP);
```

SELECT **EXTRACT(YEAR FROM CURRENT_TIMESTAMP)**;

EXTRACT(YEAR ...
2018

現在の日時から年のみを取り出す

EXTRACTの引数指定はちょっと変わっていて、カンマ区切りでの指定ではなく「日付要素 FROM 日付値」のように指定します。

```
SELECT EXTRACT(YEAR FROM CURRENT_TIMESTAMP);
```

取り出す日付要素の指定（YEAR）　日付値（CURRENT_TIMESTAMP）

ここでは現在の日時から年を取り出して表示させただけですが、売上テーブルの日付列のセル値から年だけを取り出すことも可能ですし、EXTRACTをWHERE句で使用することも可能です。

```
SELECT 商品名, EXTRACT(YEAR FROM 日付) FROM 売上 WHERE
EXTRACT(YEAR FROM 日付) = 2018;
```

日付要素は日付値からどの部分を取り出すのかを指定するものです。例のクエリでは年を取り出したいのでYEARを指定しています。月を取り出したければMONTHを指定すればOKです。日を取り出すときはDAYですね。日付値に時刻も含むようなときはHOUR（時）・MINUTE（分）・SECOND（秒）を使うこともできます。

データベースにより使用できる日付要素が異なりますが次に示すものは多くのデータベースで使用可能なものです。

日付要素

取り出される日付要素	EXTRACTに指定するもの	
年	YEAR	イヤー
月	MONTH	マンス
日	DAY	デイ
時	HOUR	アワー
分	MINUTE	ミニッツ
秒	SECOND	セカンド

EXTRACTは標準SQLで規定されている関数です。付属のSQL実行ツールでもEXTRACTを使用できます。SQL Serverでは**DATAPART関数**で日付値からの部分抽出を行うことができます。

第7章のまとめ

算術関数で四捨五入や切り捨てなどの数値計算をすることができます

文字列関数で文字列操作や部分抽出を行うことができます

日付関数で日時に関する計算をすることができます

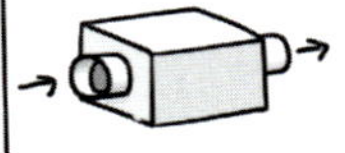

データの追加・削除・更新をしてみよう

8-1 データを追加してみよう

SELECT命令を実行しただけではテーブルのデータは変更されません。テーブルデータの変更には別の命令を使います。まずは、データを追加するINSERT命令を使ってデータを追加してみましょう。

1 INSERTでデータを追加してみよう

丸山君のおかげでSELECT命令を覚え、初心者から脱却しようとしている部長です。4つの基本命令(CRUD)を理解したら、SQLレベル1はクリアしたといってよいでしょう。まずはデータの追加からやりたいようです。

テーブルへの**データ追加はINSERT(インサート)命令で行います**。次のクエリで出荷テーブルにデータを1行だけ追加することができます。

```
INSERT INTO 出荷
VALUES('2018-07-02','B10001','おもしろい本',1,0,1280);
```

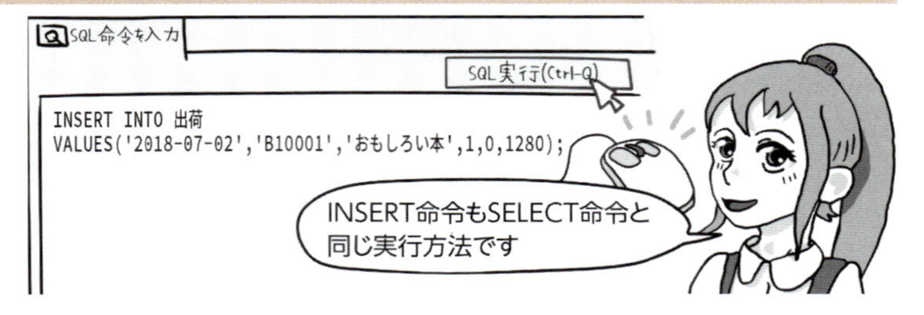

INSERT命令の実行結果

INSERT命令を実行しても表形式の結果は表示されません。実行しているクライアントによりますが「なん行処理されました」と表示されるだけです。

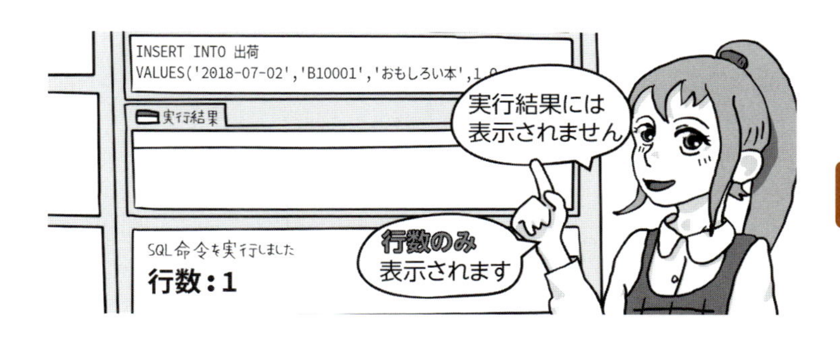

そこで、ちゃんと追加されたかどうかをSELECT命令で確認してみましょう。

```
SELECT * FROM 出荷;
```

おっ
増えたぞ

伝票番号	商品コード	商品名	個数	返品数	単価
2018-6-1	B10001	おもしろい本	10	0	1280
2018-6-2	B12001	データベース入門	5	0	2980
2018-6-10	B10003	続おもしろい本	20	1	1000
2018-6-11	B10011	ためになる本	32	0	980
2018-6-20	B10020	100%片思い			480
2018-7-02	B10001	おもしろい本	1	0	1280

INSERTで追加した行

ちゃんと追加できていますね。

INSERT命令の文法

行が追加できたところで、落ち着いてINSERT命令の文法を見ていきましょう。**INSERT命令はINTO句とVALUES句に分割**できます。**INTO句ではINTOに続けて追加したいテーブル名を指定**します。例のINSERTでは出荷テーブルにデータを追加しましたので「INTO 出荷」となっています。**VALUESの括弧内にセル値をリテラルで列挙**していきます。出荷テーブルにある列の順番どおりに値をカンマ区切りで指定していきます。

追加される ⇨

2018-6-20	B10020	100%片思い			480
2018-7-2	B10001	おもしろい本	1	0	1280

2 追加時に列を指定してみよう

とりあえずデータの追加に成功した部長です。入力をするのが面倒ということらしいのですが、どうなるのでしょうか。

サンプルデータベースのテーブルには最低限の列しかありませんが、実際のテーブルにはもっと多くの列が存在していることでしょう。備考欄など未入力でもかまわない列も多くあると思います。INSERTでは追加するデータの列を指定

することができます。次のクエリは伝票番号と商品コードそれに商品名の**3つの列の値だけを追加**するものです。

```
INSERT INTO 出荷(伝票番号, 商品コード, 商品名)
VALUES('2018-07-10','B10003','続おもしろい本');
```

列を指定

INSERT INTO 出荷 (**伝票番号,商品コード,商品名**)

VALUES(**'2018-07-10','B10003','続おもしろい本'**);

列指定に対応するセル値

指定した列の値のみで追加される

2018-6-20	B10020	100%片思い			480
2018-7-2	B10001	おもしろい本	1	0	1280
2018-7-10	B10003	続おもしろい本			

必要な列に限定して列指定をすれば、未入力でもかまわない列の値をいちいち入力しなくてもよくなります。INTO句においてテーブル名のあとの括弧内に列名を指定し、VALUES句の括弧内に対応するセル値を書きます。

列指定の列名とVALUESでのリテラルの数は一致している必要があります。上記のクエリでは3つの列を指定しましたからVALUESでのリテラルも3つ必要になります。多かったり少なかったりするとエラーになります。区切りのカンマを忘れてしまうと数が合わずにエラーになってしまいますので注意しましょう。

3 データを入力しなかったセルはどうなる?

列を限定してデータ追加できた部長ですが、値を省略した列の結果が気になる部長です。

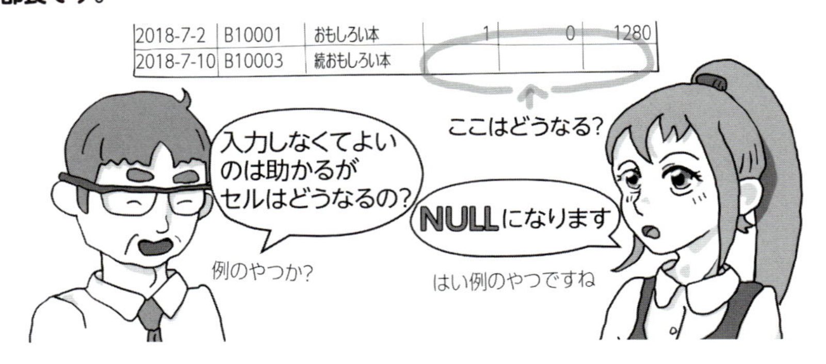

予想どおりの答えでしたね。値が指定されず未入力になるので、その部分はNULL状態になります。SELECT命令で確認してみましょう。

```
SELECT * FROM 出荷;
```

SELECT ＊ FROM 出荷;

INSERT時に省略した列

伝票番号	商品コード	商品名	個数	返品数	単価
2018-6-1	B10001	おもしろい本	10	0	1280
2018-6-2	B12001	データベース入門	5	0	2980
2018-6-10	B10003	続おもしろい本	20	1	1000
2018-6-11	B10011	ためになる本	32	0	980
2018-6-20	B10020	100%片思い			480
2018-7-2	B10001	おもしろい本	0	1280	
	10003	続おもしろい本			

追加した行

NULL状態

やっぱり例の面倒なやつか

テーブルの列にはデフォルト値というものを設定することができます。INSERTで省略した列にデフォルト値が設定されていれば、セルはそのデフォルト値になります。**デフォルト値が設定されていなければNULL状態**となります。

出荷テーブルの返品数の列について考えて見ましょう。返品が発生するのは出荷されたあとですから、出荷データをINSERTで追加する段階では未知数なので入力を省略したくなります。しかし、NULLだと計算ができないのでまた困ることになります。

デフォルト値なし

返品数を省略

```
INSERT INTO 出荷 (個数, 単価) VALUES(10,980);
```

伝票番号	商品コード	商品名	個数	返品数	単価	金額
			10		980	

出荷後に決定するので入力できない → NULL

NULLが含まれていると計算できない

こういった列にデフォルト値を設定しておくと便利になります。返品数の場合はデフォルト値を0とすることでうまくいくでしょう。

デフォルト値はテーブルを定義する際に設定することができます。

デフォルト値を0に設定

返品数を省略

```
INSERT INTO 出荷 (個数, 単価) VALUES(10,980);
```

デフォルト値を0に設定

品名	個数	返品数	単価	金額
…になる本	10	0	980	9800

デフォルト値になる

計算可能

4 データ追加時のデータ型について理解してみよう

キーボード操作が苦手な部長ですが、その練習の意味も込めてINSERT命令でデータ追加をやっていますがなかなかうまくいかないようです。データ追加時にエラーが発生してしまいました。

部長は次のクエリを実行しようとしてエラーになり困っています。どこが間違っているかわかるでしょうか。

```
INSERT INTO 出荷(伝票番号, 商品コード, 商品名, 個数)
VALUES('2018-07-10','B10003','続おもしろい本','10冊');
```

早速ですが解答です。といっても丸山君が指をさしているのですぐわかると思いますが、個数列に対応するセル値が'10冊'と文字列型になっていることが問題です。個数列は数値型として定義されているので、数値データしか受け入れることができません。**数値型のリテラルで10としなければなりません**。

数値型

```
INSERT INTO 出荷 (伝票番号,商品コード,商品名,個数)
        VALUES('2018-07-10','B10003','続おもしろい本','10冊');
```

「**リテラルってなに？**」（74ページ）で解説したように、**型の不一致があると型変換処理が発生**します。INSERT命令でも列と値の間で型の不一致があれば、DB君が自動的に型変換を行います。前のクエリでは個数列の値が'10冊'と文字列型になっているので、ここで型変換が発生します。'10冊'は数値型に変換できないので、エラーとなりINSERT命令が実行できません。

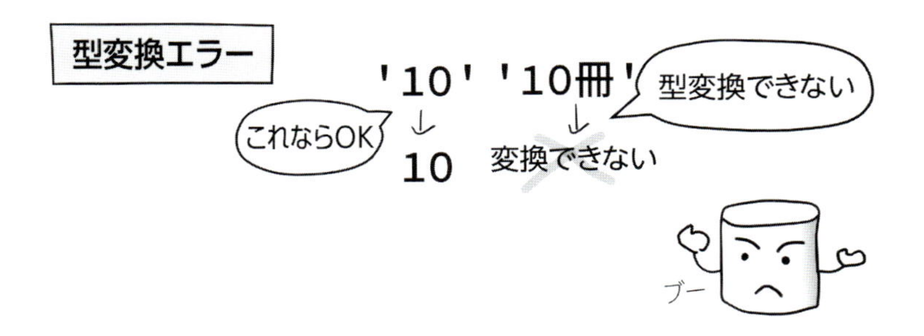

データ型が同じ文字列型であっても文字列長の制限に引っかかることもあります。商品名列は最大で20文字までの文字列型として定義されています。なので20文字を超えるようなデータをINSERTしようとするとエラーになります。

文字数制限でエラー

```
INSERT INTO 出荷(商品名)
VALUES('20文字を超える長い文字列は記録できません');
```

8-2 データを削除してみよう

CRUDのCであるCreateはSQLではINSERT命令でした。テーブルからデータを削除するにはDELETE命令を使います。CURDでもSQLでも同じDELETEなので覚えやすいと思います。

1 データを削除してみよう

データの追加に成功した部長です。調子にのっていろいろ追加しているうちにまちがったデータを追加してしまったようです。削除の命令を丸山君に教わっています。

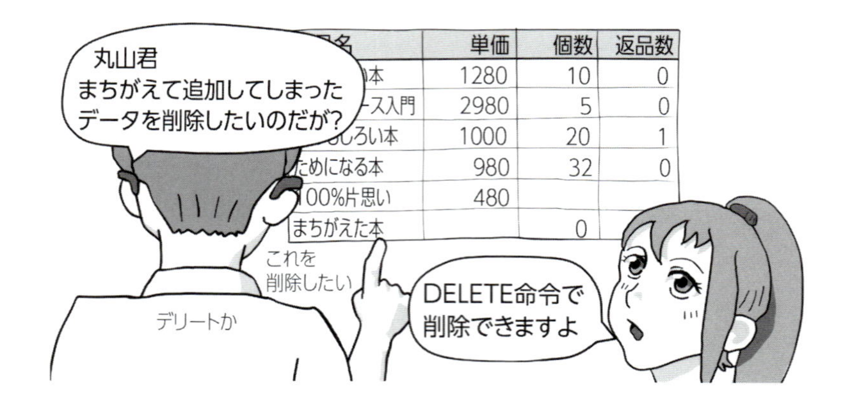

丸山君のいうとおり**データの削除はDELETE(デリート)命令で行う**ことができます。DELETE命令の文法はSELECT命令と同じようにFROM句で対象となるテーブルを指定します。次のクエリで出荷テーブルからデータを削除できます。

```
DELETE FROM 出荷;
```

削除する際にどのデータから削除していくかといった順番は指定できません。

なのでDELETE命令にORDER BY句は存在しません。また、削除は行単位で行われます。列の指定はできないので、DELETEとFROMの間にはなにも書きません。SELECT句のように列指定はできないということです。

2 DELETE命令にはWHERE句を付けよう

気が早い部長は早速DELETE命令を使ってデータを削除したようです。

部長はせっかちですね。せっかく入力したデータが全部消えてしまったようです。DELETE命令ではSELECT命令と同じようにWHERE句で削除する行を限定することができます。**WHERE句を省略するとテーブルの全行が対象になります。つまりテーブルから全行が削除され空っぽになります。**

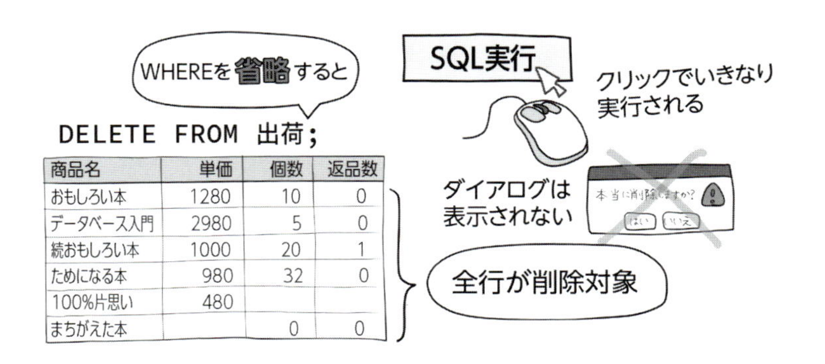

商品名	単価	個数	返品数
おもしろい本	1280	10	0
データベース入門	2980	5	0
続おもしろい本	1000	20	1
ためになる本	980	32	0
100%片思い	480		
まちがえた本		0	0

ファイルを削除する際には確認ダイアログが表示されたりしますがこういった機能はSQLのDELETE命令にはありません。**実行ボタンをクリックすると即座に削除が行われます**のでくれぐれも注意しましょう。

もし、読者の皆さんが部長と同じ失敗をしてしまったら付属のSQL実行ツールならかんたんに元に戻すことができます（「ファイルメニュー」の「テーブルをリセット」を実行してください）。ほかのツールを使っている場合は残念ながら元に戻すことは難しいと思いますが、トランザクション機能が有効ならもしかしたら大丈夫かもしれません。トランザクションは12章で解説します。

3 WHERE句で削除する行を限定してみよう

全データを削除してしまった部長なのですが、丸山君がバックアップをしてくれていたおかげで運よく最初の状態に戻すことができたようです。特定の行だけを削除するにはどうすればよいか質問しています。

さすが丸山君バックアップをしておくなんて抜け目がないですね。誤操作や障害などでデータが消滅することもあるのでデータのコピーを取っておくバックアップは大切です。バックアップがあれば、その時点までのデータに戻すことができますので安心です。

DELETE命令のWHERE句

DELETE命令にはSELECTと同じようにWHERE句を付けることができます。WHERE句を書く場所はSELECTと同様にFROM句の次になります。

SELECT命令のWHERE句では行を絞り込むための条件式を指定しました。**DELETE命令のWHERE句でも同様に条件式を指定**します。SELECTでは条件に合致する行だけが抽出されましたが、DELETEでは条件に合致する行だけがテーブルから削除されます。

SELECT命令のWHERE句

```
SELECT * FROM 出荷 WHERE 商品コード='B10011';
```

伝票番号	商品コード	商品名	個数	返品数	単価
2018-6-1	B10001	おもしろい本	10	0	1280
2018-6-2	B12001	データベース入門	5	0	2980
2018-6-10	B10003	続おもしろい本	20	1	1000
2018-6-11	B10011	ためになる本	32	0	980
2018-6-20	B10020	100%片思い			480

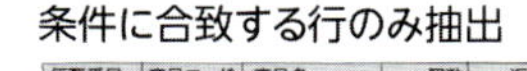

伝票番号	商品コード	商品名	個数	返品数	単価
2018-6-11	B10011	ためになる本	32	0	980

WHERE句を書く位置は同じ

DELETE命令のWHERE句

```
DELETE FROM 出荷 WHERE 商品コード='B10011';
```

伝票番号	商品コード	商品名	個数	返品数	単価
2018-6-1	B10001	おもしろい本	10	0	1280
2018-6-2	B12001	データベース入門	5	0	2980
2018-6-10	B10003	続おもしろい本	20	1	1000
2018-6-11	B10011	ためになる本	32	0	980
2018-6-20	B10020	100%片思い			480

では、実際にやってみましょう。次のクエリで商品コードが'B10011'の行だけを削除することができます。

```
DELETE FROM 出荷 WHERE 商品コード='B10011';
```

```
DELETE FROM 出荷 WHERE 商品コード='B10011';
```

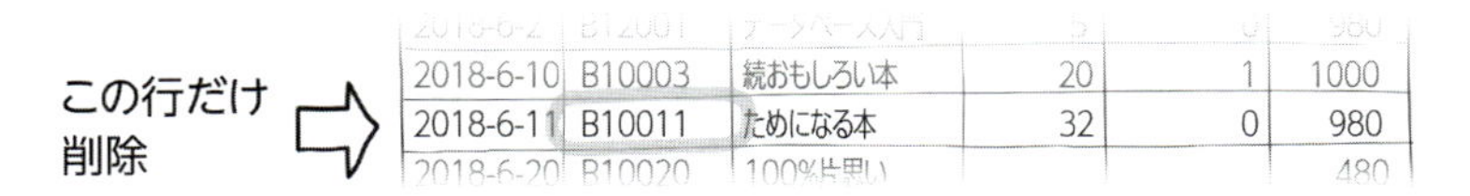

DELETE命令を実行しても実行結果にはなにも表示されません。削除された行数のみが表示されます。削除されたかどうかSELECT命令で確認してみましょう。商品コードが'B10011'の行は商品名が「ためになる本」なのでこの行が削除されてなくなっているはずです。

```
SELECT * FROM 出荷;
```

伝票番号	商品コード	商品名	個数	返品数	単価
2018-6-1	B10001	おもしろい本	10	0	1280
2018-6-2	B12001	データベース入門			
2018-6-10	B10003	続おもしろい本			
2018-6-11	B10011	ためになる本			
2018-6-20	B10020	100%片思い			

伝票番号	商品コード	商品名	個数	返品数
2018-6-1	B10001	おもしろい本	10	
2018-6-2	B12001	データベース入門	5	
2018-6-10	B10003	続おもしろい本	20	
2018-6-20	B10020	100%片思い		

B10011
ためになる本の行が
なくなっている

ちゃんと削除されていますね。

○ 削除する行がなくてもエラーにはならない

DELETE命令のWHERE句でも関数を使ったり演算子で計算したりした条件式にすることができます。複雑な条件式にすると手違いで「条件に合致する行が1件もない」といったことが往々にしてあったりします。

SELECT命令の場合は、WHERE句の条件式をまちがえたら結果になにも表示されないのですぐにわかりますが、DELETE命令の場合は、削除する行が1件もなくてもエラーにはならず「0件削除しました」と表示されるだけなのでまちがいに気が付かないことがあります。**DELETE命令実行時は処理した件数を確認するようにしましょう**。

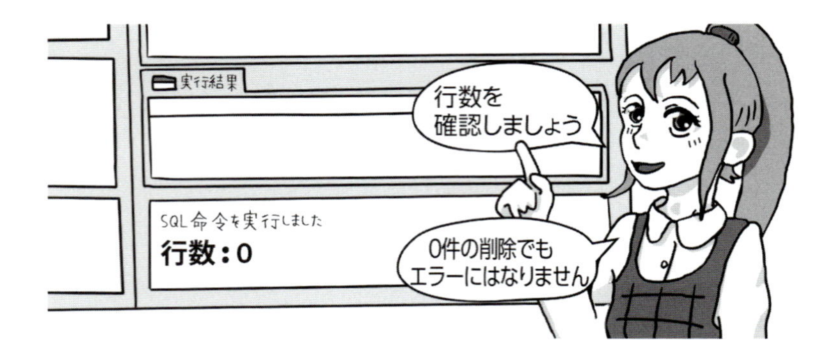

8-3 データを更新してみよう

4つの基本命令(CRUD)の残りはUPDATEになります。UPDATE命令でデータを更新することができます。

1 データを更新してみよう

データの追加、削除をやってきた部長です。残りのデータ更新を会得すればSQLでのCRUDを全てやったことになります。追加する時は未入力だったセルにデータを入れたいようです。

UPDATE(アップデート)命令でデータを更新することができます。INSERTおよびDELETE命令では行単位で追加、削除が行われましたが、UPDATE命令ではセル単位で更新が可能です。

行単位

DELETEで行を削除

伝票番号	商品コード	商品名	個数	返品数	単価
2018-6-1	B10001	おもしろい本	10	0	1280
2018-6-2	B12001	データベース入門	5	0	2980
2018-6-10	B10003	続おもしろい本	20	1	1000
2018-6-11	B10011	ためになる本	32	0	980
2018-6-20	B10020	100%片思い			480
2018-07-02	B10001	おもしろい本	1	0	1280

INSERTで行を追加

セル単位

伝票番号	商品コード	商品名	個数	返品数	単価
2018-6-1	B10001	おもしろい本	10	0	1280
2018-6-2	B12001	データベース入門	5	0	2980
2018-6-10	B10003	続おもしろい本	20	1	1000
2018-6-11	B10011	ためになる本	32	0	980
2018-6-20	B10020	100%片思い			480

UPDATEではセル単位

1つのセルを特定する場合、列と行を決定する必要があります。列の指定はUPDATE命令の**SET（セット）句**で行うことができます。次のクエリで返品数列の内容を0に更新することができます。

```
UPDATE 出荷 SET 返品数=0;
```

UPDATEのあとに対象となるテーブル名を指定します。このときFROMキーワードは必要ありません。SELECT、DELETEでは対象となるテーブルをFROM句で指定しましたが、UPDATEではFROM句を書くことはできません（一部のデータベースを除く）。

SELECT/DELETE命令

```
SELECT * FROM 出荷;
DELETE FROM 出荷;
```

FROMのあとにテーブル名を書く

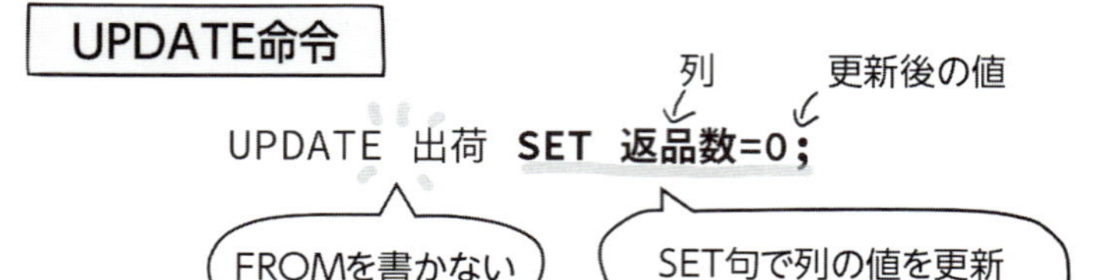

SET句では「列名＝更新後の値」の形式で、どの列をどういった値に更新するのかを書きます。上記の例では返品数列を0に更新しています。値はリテラルで書きますがデータ型を一致させる必要があります。

行の指定はWHERE句

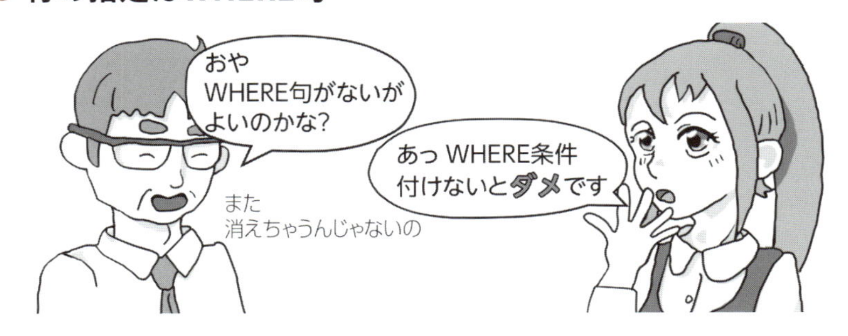

UPDATE命令でもWHERE句を付けることができますが、省略したときは全行が対象となります。丸山君がいっているようにWHERE句を付けないと**全部のデータが更新**されてしまうので注意しなければなりません。

それにしても部長はよく気付きました。DELETE命令で全部消してしまったのがかなりショックだったようです。

次のクエリで商品コードが'B10020'の行だけに限定して、返品数を0に更新することができます。

```
UPDATE 出荷 SET 返品数=0 WHERE 商品コード='B10020';
```

UPDATE 出荷 SET 返品数=0
WHERE 商品コード='B10020';

SETで列を指定

伝票番号	商品コード	商品名	個数	返品数	単価
2018-6-1	B10001	おもしろい本	10	0	1280
2018-6-2	B12001	データベース入門	5	0	2980
2018-6-10	B10003	続おもしろい本	20	1	1000
2018-6-20	B10020	100%片思い	0		480

WHEREで行を指定

出荷テーブル

UPDATEで0に更新

DELETEとUPDATEではWHERE句に注意

SELECT命令ではWHERE句を書き忘れてもそれほど大したことにはなりません。巨大なテーブルに対してWHERE句なしのSELECTを実行してしまい、全行を取ってくるのに時間がかかる程度で済みます。

DELETE、UPDATE命令でWHERE句を書き忘れると大変なことになってしまいます。DELETE命令では全部のデータが削除されなくなってしまいますし、UPDATE命令では全行にわたり列のデータが同じ値に更新されてしまうことになるからです。

DELETE命令、UPDATE命令を実行するときはちゃんとWHERE句で条件指定しているかどうかを確認しながら慎重に実行しましょう。

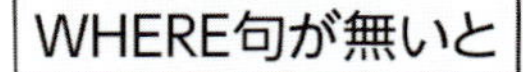


```
DELETE FROM 出荷;
```

伝票番号	商品コード	商品名	個数	返品数	単価
2018-6-1	B10001	おもしろい本	10	0	1280
2018-6-2	B12001	データベース入門	5	0	2980
2018-6-10	B10003	続おもしろい本	20	1	1000
2018-6-11	B10011	ためになる本	32	0	980
2018-6-20	B10020	100%片思い			480

全部消える

```
UPDATE 出荷 SET 返品数=100;
```

伝票番号	商品コード	商品名	個数	返品数	
2018-6-1	B10001	おもしろい本	10	100	
2018-6-2	B12001	データベース入門	5	100	
2018-6-10	B10003	続おもしろい本	20	100	
2018-6-11	B10011	ためになる本	32	100	
2018-6-20	B10020	100%片思い			480

全部同じ値に更新される

2 一度に複数の列を更新してみよう

セル値を更新することに成功した部長です。今度は個数と返品数の両方の値を更新したいと考えているようです。

UPDATEのSET句では値の列への代入をカンマ区切りで**複数書くことができます**。195ページの例では返品数列の値の更新でしたが、ここでは返品数列と個数列の2つをいっぺんに更新してみたいと思います。

次のクエリで個数列を10に返品数を1に更新することができます。WHERE条件は前の例と同じなので、更新対象となる行は商品コードが'B10020'のものだけになります。

```
UPDATE 出荷 SET 個数=10, 返品数=1
WHERE 商品コード='B10020';
```

UPDATE 出荷 SET 個数=10, 返品数=1
WHERE 商品コード='B10020';

SETで列を複数指定

伝票番号	商品コード	商品名	個数	返品数	単価
2018-6-1	B10001	おもしろい本	10	0	1280
2018-6-2	B12001	データベース入門	5	0	2980
2018-6-10	B10003	続おもしろい本	20	1	1000
2018-6-20	B10020	100%片思い	10	1	480

UPDATEで10と1に同時に更新

UPDATE命令でも列と更新値のデータ型が異なっているときには型変換が行われます。型変換に失敗するような場合には型変換エラーになりますので、注意しましょう。

次のクエリは数値型である個数列に文字列型のリテラルを代入しようとしているので、型変換エラーとなりデータは更新されません。

```
UPDATE 出荷 SET 個数='10冊' WHERE 商品コード='B10020';
```

型変換エラー

SET 個数='10冊'

数値型　文字列型

3 条件に合う行がなかったらどうなる？

DELETE、UPDATE命令でWHERE句が大切であることを学んだ部長ですが、WHERE条件に引っかからなかったときの挙動が気になっている様子です。

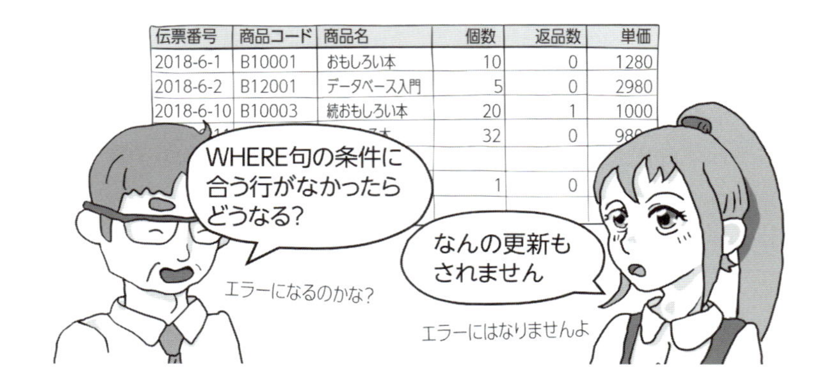

そうなんです、この点に注意しないといけません。DELETE命令では削除する条件に合致する行が存在しなかったときにはエラーにはならず、0件処理したと報告されるだけでした。UPDATE命令でも**条件に合致する行がなくてもエラーにはなりません**。行が特定されないため更新も行われませんし、0件処理したと表示されるだけです。

DELETE命令と同様にUPDATE命令でも処理された行数を確認することを心がけましょう。

WHERE句で複雑な条件指定を行いたいときは、一度SELECT命令を書き、対象となる行を確認してから、SELECT * FROMの部分をUPDATEに変更するという方法もありかと思います。

```
SELECT * FROM 出荷 WHERE 商品コード='B10020';
```

伝票番号	商品コード	商品名	個数	返品数	単価
2018-6-20	B10020	100%片思い		480	

SELECTで対象となる行を確認

```
UPDATE 出荷 SET 個数=20 WHERE 商品コード='B10020';
```

WHEREはそのままでSELECT * FROMをUPDATEに書き換える

伝票番号	商品コード	商品名	個数	返品数	単価
2018-6-20	B10020	100%片思い	20	480	

第8章

第8章のまとめ

INSERT命令で
データを追加することができます

DELETE命令で
データを行単位で削除できます

UPDATE命令で
データをセル単位で更新できます

命令	テーブル指定	WHERE句	固有なもの
SELECT	FROM テーブル名	○　あり	ORDER BY FETCH OFFSET
INSERT	INTO テーブル名	×　なし	VALUES
DELETE	FROM テーブル名	◎　あり	
UPDATE	UPDATE テーブル名	◎　あり	SET

第  章

集計してみよう

第9章でやること
1 集約関数で集計してみよう
2 グループ化してみよう
3 その他の集計について見てみよう
9
丸山君は部長
好きかな？
…
えっ
なんですかそれ？

9-1 集約関数で集計してみよう

SELECT命令は集計もできます。まずはCOUNT(カウント)関数を使って、集計のやり方と集約関数について見てみましょう。

1 行数を数えてみよう

SQLには集計の機能があることをどこかで知った部長です。さっそく丸山君をつかまえて質問しています。

SQLでの集計はSELECT命令内で集約関数を使って行うことができます。関数のところで少し説明しましたが、関数にはスカラー関数と集約関数の2種類があります。スカラー関数が単一の値を引数に取って戻すことに対して、集約関数は集合を引数でもらい単一の値を戻すことが異なっていました。

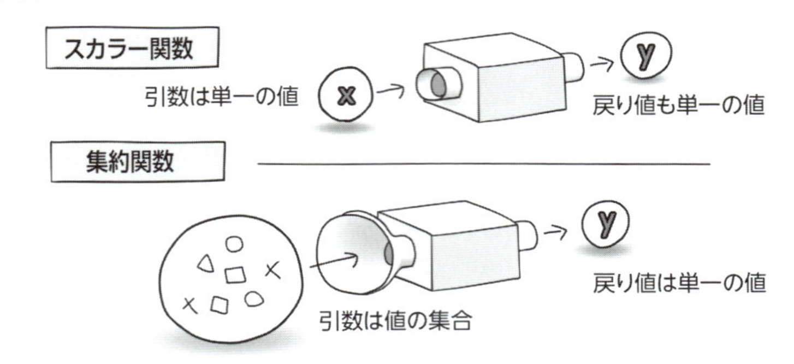

スカラー関数にもいろいろあって、四捨五入を行うROUND関数や部分文字列を戻すSUBSTRING関数などがありましたね。関数の名前でどういった処理が行われるのかが変化します。

COUNT（カウント）関数は集約関数の1つです。スカラー関数がそうであったように集約関数でも関数名で処理内容が変わってきます。COUNT関数は引数で集合が入力されますが、その集合内の要素数を数える関数になります。

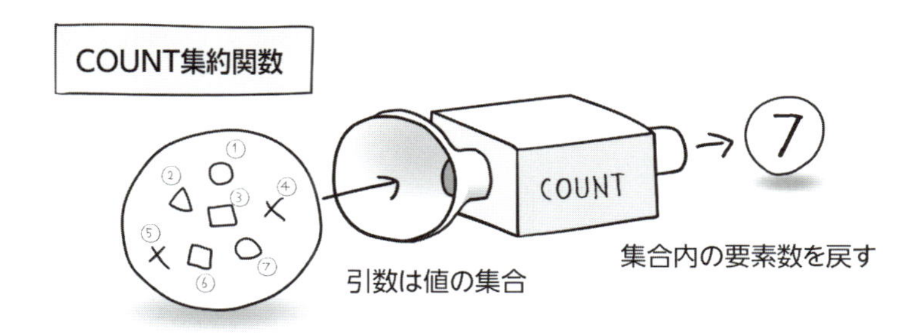

では実際にCOUNT関数を使ってテーブルの行数を数えてみることにしましょう。次のクエリを実行してみてください。

```
SELECT COUNT(*) FROM 売上;
```

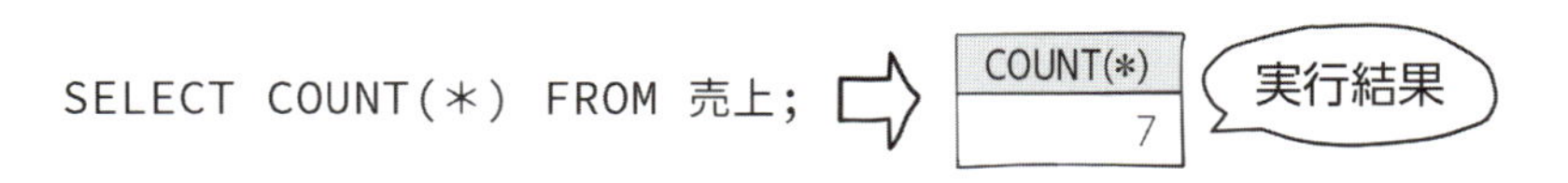

商品コード	商品名	日付	売上
B12001	データベース入門	2018-05-01	1230
B10001	おもしろい本	2018-05-01	30
B10002	新おもしろい本	2018-05-02	120
B10001	おもしろい本	2018-05-03	2100
B10011	ためになる本	2018-05-03	200
B10013	つまらない本	2018-05-04	10
B10020	100%片思い	2018-05-31	5

COUNT → 7

行数を計算

売上テーブルの行数が計算できました。COUNTに引数で＊を渡していますが、これは全列を意味するもので、SELECT ＊ FROMの＊と同じです。

2 COUNTを使うと結果が1行だけになる

COUNT関数でテーブルの行数を集計して計算させることに成功した部長です。実行結果が今までとは異なり1行だけになっているのが気になるようです。

今まで多くのSELECT命令を実行してきましたが、その結果は複数行になっていました。WHERE句で検索をしたときには結果が1行だけのときもありましたが、多くのケースで複数の行が実行結果に表示されていたと思います。

集約関数を使うと実行結果には1行しか表示されなくなります。

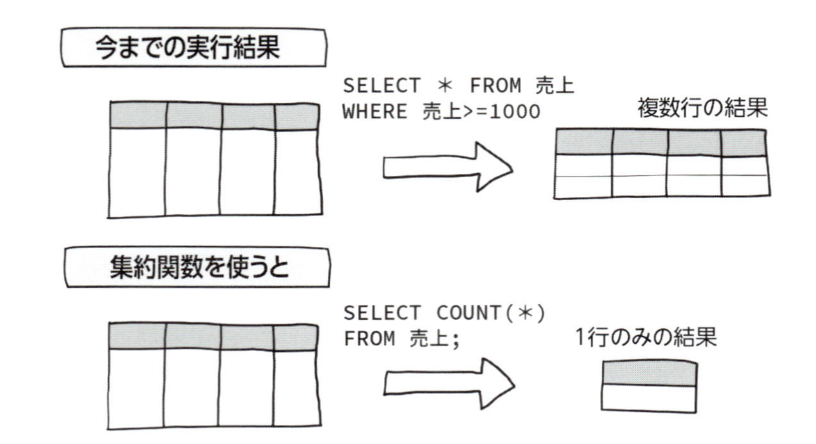

SELECT命令の実行時にはデータベース内部にDB君が仮データを作成しますが、**集約関数を使うと仮データが1行分しか作成されなくなります**。COUNT集約関数では行数のカウント処理が行われます。DB君が行の数を順番に数えていきますがこのときに仮データの値をカウントアップさせていきます。

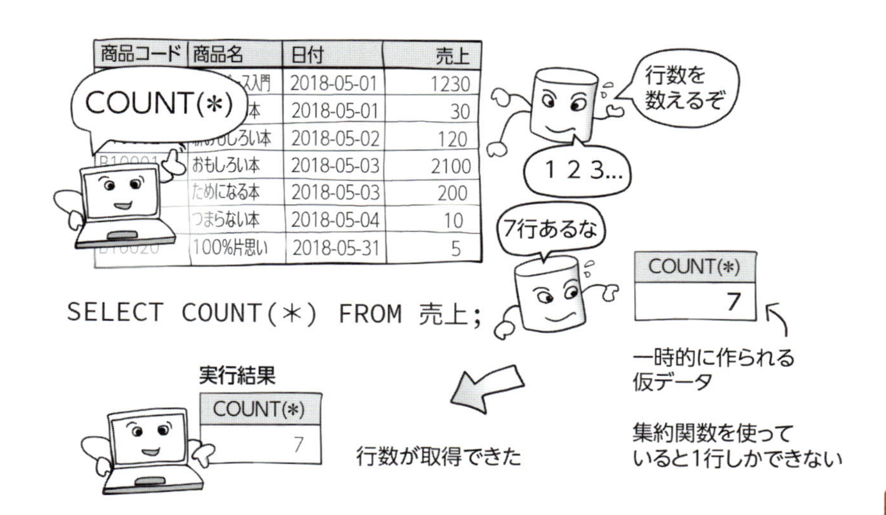

3 合計を計算してみよう

集計処理の代表格に「合計」があります。COUNTで個数を計算することができた部長ですが、今度は合計の計算をやってみたいようです。

Excelでは SUM（サム）関数を使って合計を計算できますよね。**SQLでもSUM関数で合計を計算**できます。次のクエリで売上列の合計値を計算できます。

```
SELECT SUM(売上) FROM 売上;
```

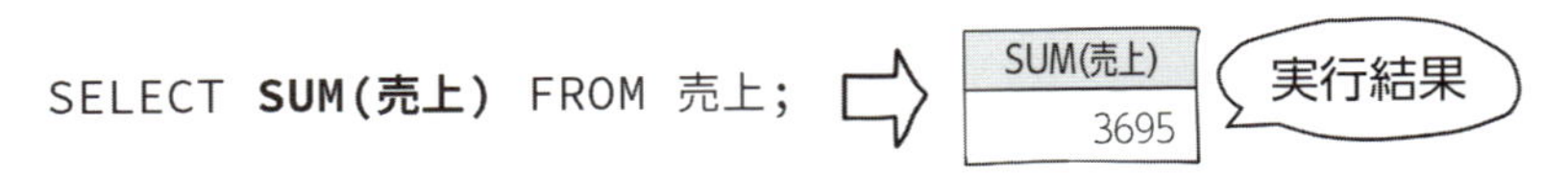

商品コード	商品名	日付	売上
B12001	データベース入門	2018-05-01	1230
B10001	おもしろい本	2018-05-01	30
B10002	新おもしろい本	2018-05-02	120
B10001	おもしろい本	2018-05-03	2100
B10011	ためになる本	2018-05-03	200
B10013	つまらない本	2018-05-04	10
B10020	100%片思い	2018-05-31	5

SUM → 3695

合計を計算

SUMも集約関数の1つです。ExcelのSUMと同じように各要素を足し合わせて合計を計算することができます。

COUNTのときは引数を＊としましたが、SUMのときは列名を指定する必要があります。合計の計算は足し算で行われますので、指定した列が数値型でない場合はエラーになります。

SELECT **SUM(売上)** FROM 売上;

商品コード	商品名	日付	売上
B12001	データベース入門	2018-05-01	1230
B10001	おもしろい本	2018-05-01	30
B10002	新おもしろい本	2018-05-02	120
B10001	おもしろい本	2018-05-03	2100
B10011	ためになる本	2018-05-03	200
B10013	つまらない本	2018-05-04	10
B10020	100%片思い	2018-05-31	5

数値型でないとエラー

1230+30+120+2100+200+10+5
で合計を計算

SUMの引数は式であってもかまいません。「単価＊個数」で金額を計算できたわけですが、SUMの引数に「単価＊個数」と書いてもOKです。金額を計算したうえでその合計が計算されます。次のクエリで「単価＊個数」で計算される金額の合計が集計できます。

```
SELECT SUM(単価*個数) FROM 出荷;
```

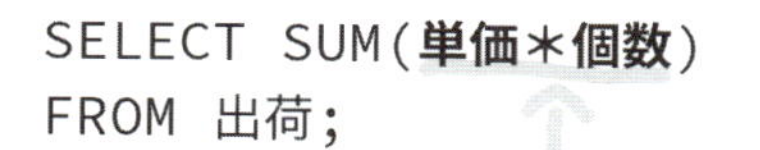

式を書くこともできる

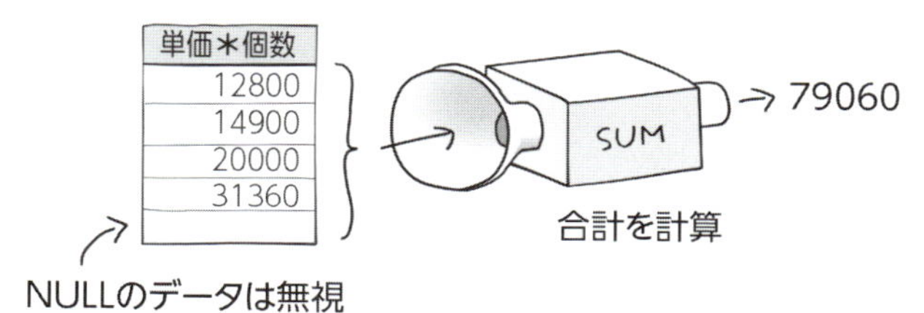

「単価＊個数」の結果がNULLとなる行があります。NULLは合計の計算時に無視されます。8章でデータの削除を行いました。テーブルをリセットしていないときは実行結果が異なりますので注意しましょう。

4 行を限定して合計してみよう

SELECT命令のパワフルさに目から鱗の部長です。条件を絞ったうえで集計できないかとの質問です。いくらなんでも無理と思っているようですが、どうなのでしょうか。

次のクエリで日付が'2018-05-01'となっている行のみに限定して売上列の合計を計算することができます。

```
SELECT SUM(売上) FROM 売上
WHERE 日付='2018-05-01';
```

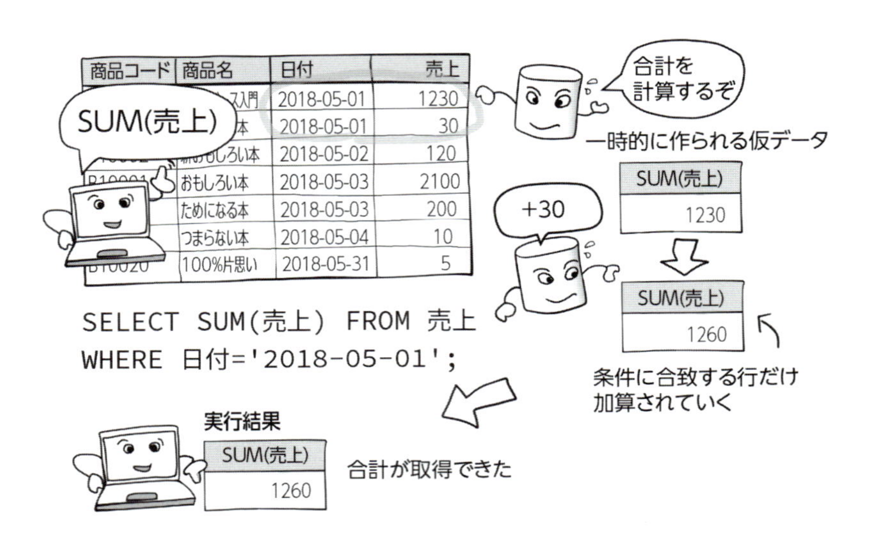

なんども説明しているように集約関数を使うと**仮データは1行分しか作成されません**。SUM関数は合計を計算する集約関数なので、仮データに入っている値にセル値を加算していくことで最終的に合計が計算されます。

WHERE条件が付けられているときは条件に合致する行のみが対象となります。上記の例では日付が'2018-05-01'となっている、上から2行分が条件に合致する行になります。

DB君はテーブルの最初の行から条件を調べていきますので、最初の行の1230が仮データに記録されます。次の行も条件に合致しますので、1230に30を足して1260に更新されます。上記の例では2行のみが条件に合致しますので集計処理は終了し、実行結果として1260が戻されることになります。

9-2 グループ化してみよう

SELECT命令での集計では、集計を行う際にグループ化をすることができます。グループ化することで「○○別に合計する」ということができるようになります。

1 日付でグループ化してみよう

WHERE条件を付けることで行を限定して集計することに成功した部長です。今度は条件を5/2に変えて集計したいようですがどうなることでしょうか。

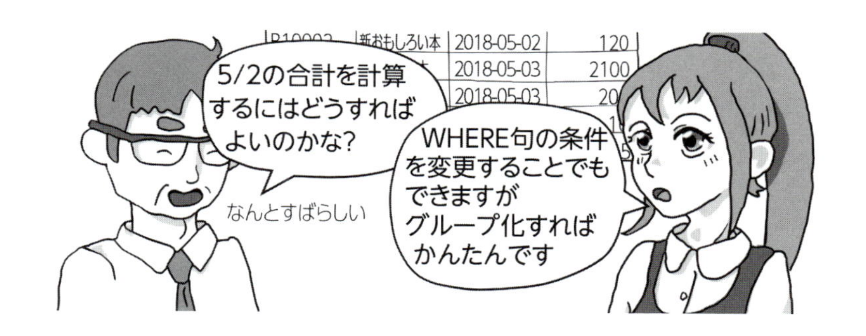

丸山君が説明したように**グループ化**すればWHERE条件を変えてSELECT命令を実行させることなく、1回のクエリ実行で日付別に合計を計算することができます。イメージとしてはデータをいくつかのグループに分けて集約関数で集計するといったものになります。

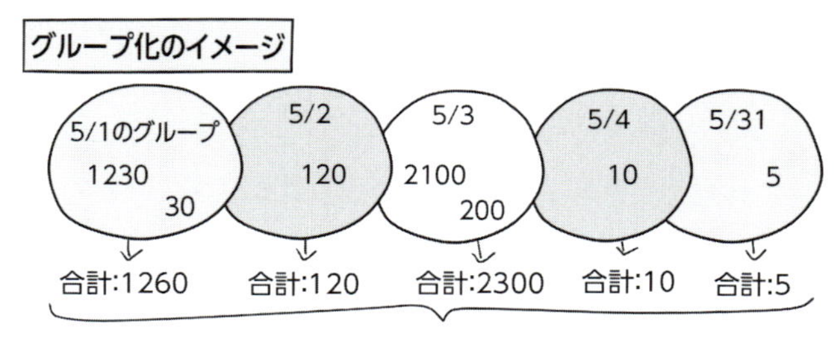

グループ化はSELECT命令に**GROUP BY（グループバイ）句**を付けることで行われるようになります。GROUP BY句はWHERE句の次に書きますが、WHERE句を省略しているときはFROM句の次になります。このあとでやってみますが、ORDER BY句でソートを行うときはGROUP BYを先に書きます。

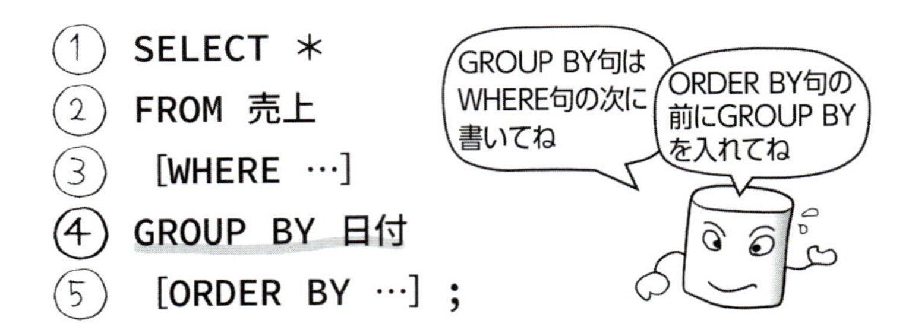

では実際にグループ化をやって見ましょう。次のクエリにより日付列でグループ化して売上の合計を計算することができます。

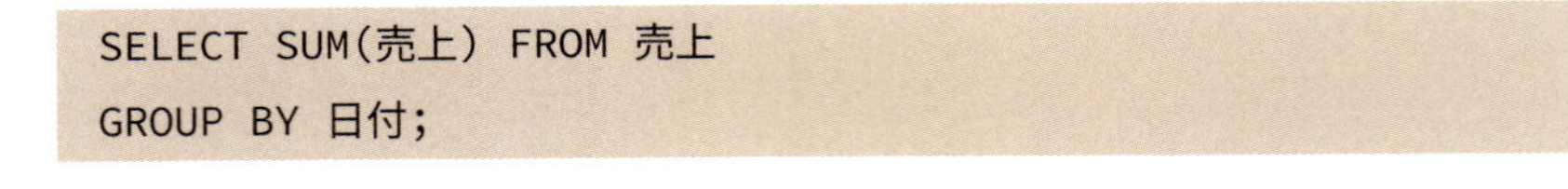

```
SELECT SUM(売上) FROM 売上
GROUP BY 日付;
```

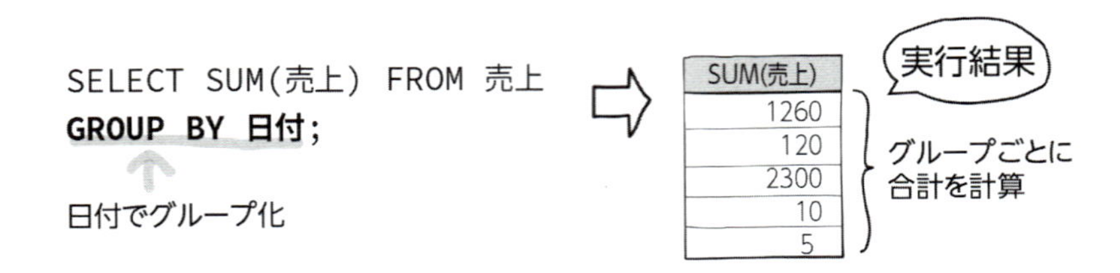

GROUP BYを省略するとグループ化が行われません。テーブルの全行を1つのグループとみなして集計が行われます。GROUP BY句を書くと指定された列によりグループ化が行われます。同じ値を持つ行がグループに分けられ、グループごとに集計が行われます。実行結果はグループの数分だけ表示されるようになります。

2 グループ化した日付を出してみよう

GROUP BYでグループ化に成功した部長ですが、実行結果の行数と日付列のデータが気になるようです。

SELECT句に「SUM(売上)」と書いて売上列の合計値を計算することができました。SELECT句に**「日付」を書き足せば**日付列の内容を結果に表示させることができます。次のクエリでグループ化した日付列の内容と売上の合計値を得ることができます。

```
SELECT 日付, SUM(売上) AS 売上合計 FROM 売上
GROUP BY 日付 ORDER BY 売上合計 DESC;
```

日付を表示したい　　別名を付けた

```
SELECT 日付, SUM(売上) AS 売上合計 FROM 売上
GROUP BY 日付 ORDER BY 売上合計 DESC;
```

ORDER BYでソート

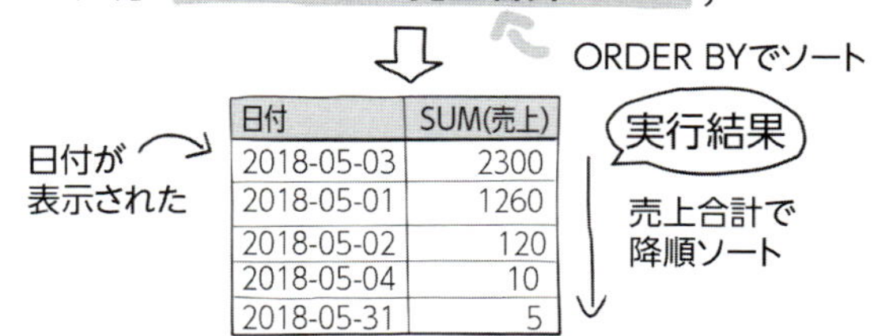

日付	SUM(売上)
2018-05-03	2300
2018-05-01	1260
2018-05-02	120
2018-05-04	10
2018-05-31	5

「SUM(売上)」にASで別名「売上合計」を付けました。ORDER BYも追加して売上合計を降順ソートするようにしています。日付ごとに合計値を集計して降順ソートして結果を表示させています。これだけの複雑な処理を1つのSELECT命令だけで指示することができてしまいました。SQL命令がいかにパワフルであるかをご理解いただけたのではないかと思います。

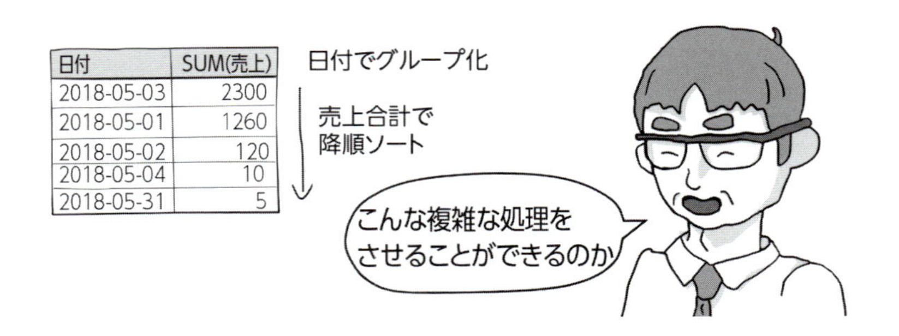

日付	SUM(売上)
2018-05-03	2300
2018-05-01	1260
2018-05-02	120
2018-05-04	10
2018-05-31	5

内部処理としては仮データに日付と合計の2つの列が作成されると考えるとわかりやすいでしょう。

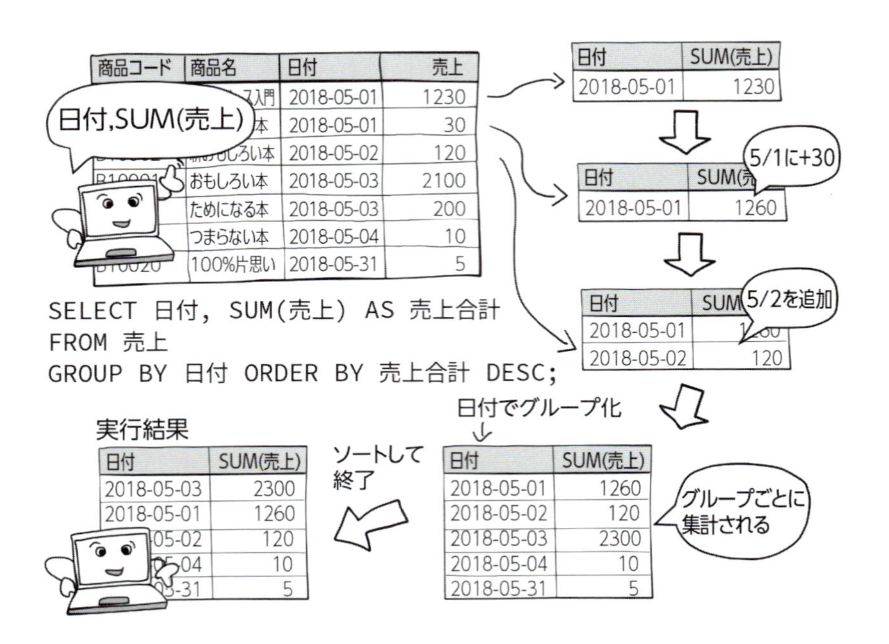


```
SELECT 日付, SUM(売上) AS 売上合計
FROM 売上
GROUP BY 日付 ORDER BY 売上合計 DESC;
```

日付	SUM(売上)
2018-05-01	1260
2018-05-02	120
2018-05-03	2300
2018-05-04	10
2018-05-31	5

3 商品名別に集計してみよう

GROUP BYでグループ化することに成功した部長です。これに味をしめたのか商品ごとに合計を計算させようと試みて苦戦しているようです。

部長は次のクエリを実行させようとしましたがエラーになり困っています。

```
SELECT 商品名, 日付, SUM(売上) AS 売上合計 FROM 売上
GROUP BY 日付 ORDER BY 売上合計 DESC;
```

ここに商品名を追加してみた

```
SELECT 商品名, 日付, SUM(売上) AS 売上合計 FROM 売上
GROUP BY 日付 ORDER BY 売上合計 DESC;
```

日付はGROUP BYのリストにあるのでOK

列 "商品名" はリストによりグループ化されなければなりません

エラーになり実行できない

SELECT句で集約関数を使うとたんなる列名だけの列指定はできなくなります。ただし例外があり、**GROUP BYでグループ化した列だけは指定することが可能**です。部長は商品名の列をSELECT句に追加したわけですが、GROUP BYで指定されているのは日付列なので、SELECT句で日付はOKですが、商品名はダメということです。

商品ごとに合計を集計したいのであれば、次のようにすればよいでしょう。

```
SELECT 商品名, SUM(売上) AS 売上合計 FROM 売上
GROUP BY 商品名 ORDER BY 売上合計 DESC;
```

GROUP BYで指定されているのでOK

```
SELECT 商品名, SUM(売上) AS 売上合計 FROM 売上
GROUP BY 商品名 ORDER BY 売上合計 DESC;
```

商品名でグループ化

実行結果

商品名	売上合計
おもしろい本	2130
データベース入門	1230
ためになる本	200
新おもしろい本	120
つまらない本	10
100%片思い	5

GROUP BYで指定されていない列でも集約関数にかければOKです。**MAX(マックス)集約関数**は集合の中から最大値を戻す関数です。GROUP BY商品名としたクエリで日付を出したい場合は、次のクエリのようにMAX(日付)とすればエラーにはなりません(ただし日付の値はグループ内での最大値になります)。

```
SELECT 商品名, MAX(日付), SUM(売上) AS 売上合計 FROM 売上
GROUP BY 商品名 ORDER BY 売上合計 DESC;
```

その他の集計について見てみよう

その他の集計にまつわる便利な機能を紹介しましょう。

1 集計した合計値で抽出条件を付けてみよう

集計に慣れてきた部長ですが、WHERE句でSUMを使ったらまたもやエラーになり困っているようです。

部長は次のクエリを実行しようとして失敗しています。

```
SELECT 日付,SUM(売上) FROM 売上
WHERE SUM(売上) > 100 GROUP BY 日付;
```

集約関数はWHERE句の条件式では使うことができません。DB君がWHERE句を処理している段階ではまだ最終的な合計値が計算できていないのでSUMを使うことはできません。WHERE条件で別名が使えないことと同じ理由です。

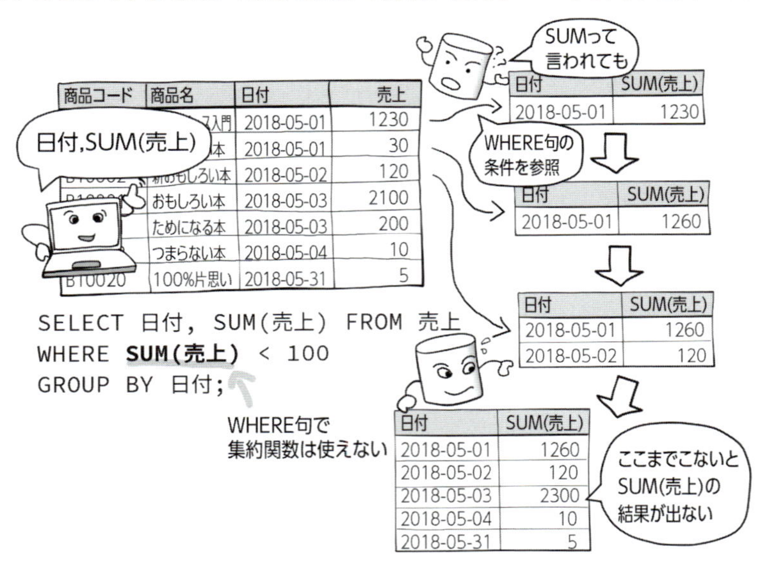

集計結果に対して条件を付けるときは、WHERE句ではなく**HAVING（ハヴィング）句で条件指定**をします。

```
SELECT 日付,SUM(売上) FROM 売上
GROUP BY 日付 HAVING SUM(売上) > 100;
```

```
SELECT 日付, SUM(売上) FROM 売上
GROUP BY 日付 HAVING SUM(売上) > 100;
```

HAVINGでは集約関数が使える

日付	SUM(売上)
2018-05-01	1260
2018-05-02	120
2018-05-03	2300
2018-05-04	10
2018-05-31	5

HAVINGなしのときは100未満も含まれる

実行結果

日付	SUM(売上)
2018-05-01	1260
2018-05-02	120
2018-05-03	2300

合計が100未満は除外

2 重複行を1つにまとめて結果を取り出してみよう

売上テーブルから商品名列だけをSELECTで取得すると同じ商品名が重複して表示されます。重複している余分なデータを取り除きたいという部長の要望です。

SELECT句の列指定の先頭に**DISTINCT(ディスティンクト)**を付けると重複するデータを取り除くことができます。英単語の「distinct」は「別個の」といった意味を持ちます。重複するデータを取り除きそれぞれが別個の異なったデータにする効果があります。

```
SELECT DISTINCT 商品名 FROM 売上;
```

DISTINCTなし

商品名
データベース入門
おもしろい本
新おもしろい本
おもしろい本
ためになる本
つまらない本
100%片思い

重複している

DISTINCTあり

SELECT **DISTINCT** 商品名

商品名
新おもしろい本
ためになる本
つまらない本
100%片思い
おもしろい本
データベース入門

おもしろい本は1行だけ

第  章

第9章のまとめ

集約関数で集計することができます

GROUP BYを付ければグループ化して集計することができます

WHERE句で集約関数は使えませんがHAVING句では使えます

第  章

テーブルを作成・削除してみよう

テーブルを作成・削除してみよう

ここからはテーブルを管理する方法について解説していきます。新しくテーブルを作成するところから始めていきましょう。

1 商品マスタを作ってみよう

今までは丸山君が作成してくれたテーブルを使ってSQLを勉強していた部長ですが、自分でテーブルを作成したくなったようです。「商品マスタ」なんていう用語をどこかで聞いたのでこれを作成したいと考えています。

2章で少しだけ説明しましたが、SQL命令はDML、DDL、DCLの3種類に分類できます。SELECT、INSERT、DELETE、UPDATEの4つの基本命令はDMLです。テーブルを作成する命令はDDLになります。

DDLは、Data Definition Languageの略なので、データ定義言語になります。DDLにはデータベースオブジェクトを作成・削除・変更する**CREATE（クリエイト）・DROP（ドロップ）・ALTER（オルター）の3種類**があります。

「CREATE ○○」の「○○」の部分はデータベースオブジェクトの種類によって異なります。CREATE命令でオブジェクトを作成することができ、DROP命令でオブジェクトを削除でき、ALTER命令で変更することができます。

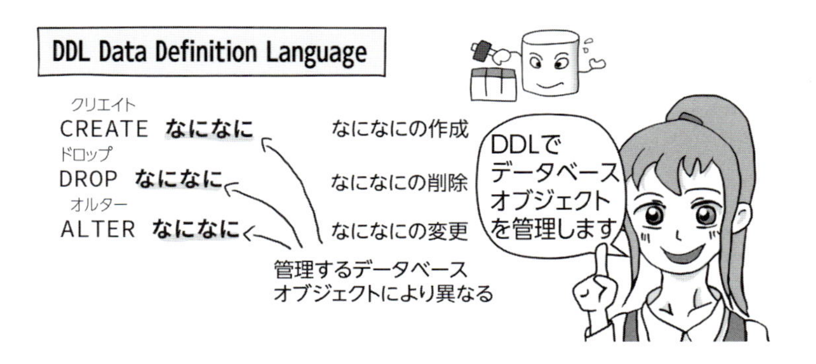

2 データベースオブジェクトってなに？

テーブルを作成したい部長ですが、データベースオブジェクトという用語に引っかかっているようです。

丸山君のいうとおりデータベースの中にはテーブル以外にもいろいろな「もの」を作成することができます。オブジェクトは英語でいえばObjectで物体を意味します。データベース中のいろいろな「もの」を総称してデータベースオブジェクトと呼びます。

データベースオブジェクトの代表が**TABLE（テーブル）**であるわけですが、テーブル以外にも**VIEW（ビュー）**や**INDEX（インデックス）**があります。これらのデータベースオブジェクトにはそれぞれに固有な名前が付けられます。売上テーブルであれば「売上」という名前が付けられており、オブジェクトに付けられた名前で管理されます。データベース内での名前は固有なものとしなければなりません。既存のテーブルと同じ名前でテーブルを作成しようとするとエラーになります。

3 テーブルを作成してみよう

DDLの概要がわかったところで商品マスタを作ってみましょう。

DDLの**CREATE TABLE命令でテーブルを作成**することができます。CREATE TABLE命令は作成するテーブルの名称と括弧内に列名とデータ型それにNULLを許容するかどうかなどをカンマで区切り必要な列数だけ書きます。

少々難しくなってしまいますが、次のクエリで商品マスタテーブルを作成することができます。

```
CREATE TABLE 商品マスタ (
商品コード CHAR(8) NOT NULL PRIMARY KEY
, 商品名 VARCHAR(20)
, 価格 INTEGER
, 種別 CHAR(2)
);
```

「商品マスタ」という名前でテーブルが作成されます。商品マスタテーブルには「商品コード」、「商品名」、「価格」、「種別」の4つの列が作成されます。CHARやVARCHARそれにINTEGERがデータ型の指定になります。CHARとVARCHARは「**固定長文字列ってなに？**」（164ページ）で出てきましたね。文字列データを格納できるデータ型になります。INTEGERは整数値を格納できるデータ型になります。小数点を含む数値は小数点以下が切り捨てられます。

テーブルの作成命令

テーブル名の指定
「商品マスタ」テーブルを作成する

列名と
データ型

```
CREATE TABLE 商品マスタ (
商品コード CHAR(8) NOT NULL PRIMARY KEY
, 商品名 VARCHAR(20)
, 価格 INTEGER
, 種別 CHAR(2)
);
```

カンマで
区切る

4つの列を
定義

整数値を格納

2文字の
固定長文字列型

商品マスタ

商品コード	商品名	価格	種別

商品コードの列には**NOT NULL**と書かれています。これは**商品コード列がNULL状態になることを禁止する指示**になります。NULL状態にあるデータはなにかと面倒なので、NULLになることを禁止します。

INSERTで入力したくない列を省略することができましたね。省略した列はNULLになってしまいますので、商品コード列はINSERT時に省略できないことになります。商品コード以外にはNOT NULLが書かれていないので、NULL状態でもOKです。INSERTするときに省略できる列になります。

NOT NULL指定

NULL禁止

```
CREATE TABLE 商品マスタ (
商品コード CHAR(8) NOT NULL PRIMARY KEY
, 商品名 VARCHAR(20)
```

```
INSERT INTO 商品マスタ(商品コード)
VALUES('B10009');
```

INSERTのときに商品コード
だけは必須になる

商品コードの列には**PRIMARY KEY（プライマリキー）**とも書かれています。これは商品コード列が商品マスタテーブルで重要なキーとなる列であることを意味します。

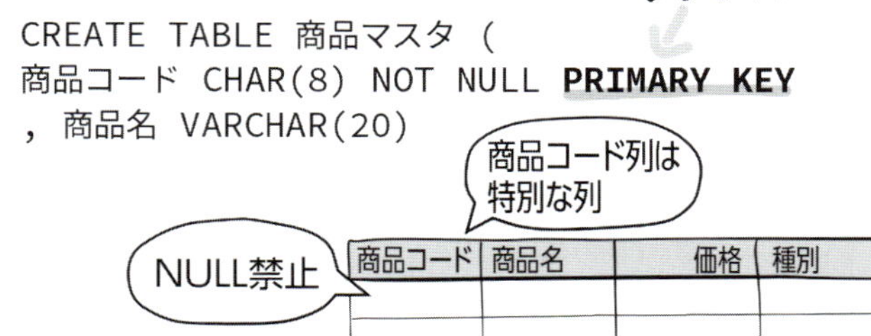

今のところは商品コード列が特別な列である程度に覚えておいてください。プライマリキーについての詳細についてはこのあとで解説します。

4 テーブルを削除してみよう

さて、テーブルを作成することができた部長ですが、列名を間違えてしまったようです。列名を直して実行しましたがエラーになってしまいました。

CREATE TABLE命令では既存テーブルに上書き保存するようなことはできません。作成しようとしているテーブルがすでに存在しているときはエラーになります。**テーブルの削除はDROP TABLE命令**で行います。データベース内からテーブルを一度削除してから再度CREATE TABLEを実行すればエラーにはなりません。

DROP TABLEの文法は単純です。次のクエリで商品テーブルを削除することができます。

```
DROP TABLE 商品マスタ;
```

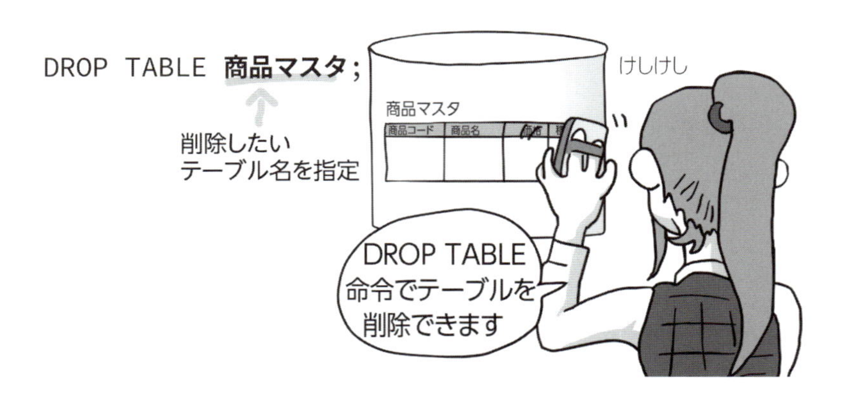

DROP TABLE命令はテーブルに記録されていた**データも削除**します。部長は商品テーブルを作成したばかりなのでデータは1件もありません。気にせずDROP TABLEでテーブルを削除できます。データが含まれるテーブルを削除するときは注意しましょう。

5 テーブルを変更してみよう

テーブルの作成と削除を覚えた部長です。ちょっとした修正でも一度削除しなければならないのが面倒と思っているようです。

ALTER（オルター）命令を使えばデータベースオブジェクトの属性を一部分だけ変更することができます。ALTERも英単語で「変更する」という意味です。次のクエリで列名を「商品めい」から「商品名」に変更することができます。

```
ALTER TABLE 商品マスタ
ALTER COLUMN 商品めい RENAME TO 商品名;
```

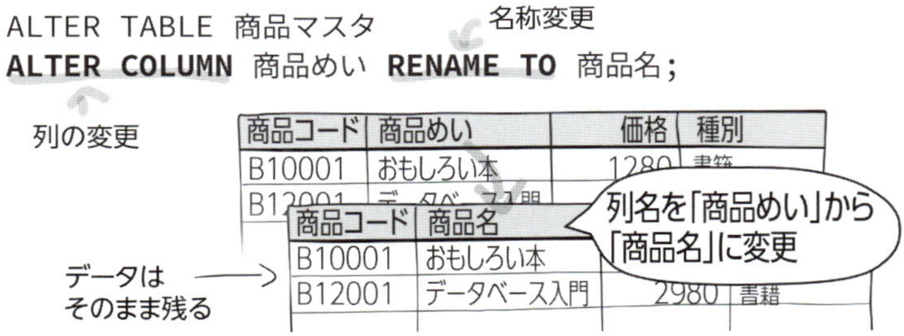

ALTER TABLE 商品マスタ
ALTER COLUMN 商品めい **RENAME TO** 商品名;

名称変更

列の変更

列名を「商品めい」から「商品名」に変更

データはそのまま残る

ALTER TABLEでの属性変更は列名の変更だけではなく、列の追加、削除やデータ型の変更、制約の追加、削除など多岐にわたります。全ての機能をここで紹介するわけにもいきませんので、詳細は割愛したいと思います。

10-2 プライマリキーを理解してみよう

商品マスタテーブルの商品コード列はプライマリキーに設定されていました。プライマリキーはリレーショナル・データベースでの重要な概念になります。プライマリキーがどういったものであるのかを見ていきましょう。

1 プライマリキー違反

商品マスタテーブルを作成できたのでここにINSERT命令でデータを追加している部長です。INSERT命令がエラーになり困っているようです。

部長は上記イラストのような2つのINSERT命令を実行しようとしています。2つ目のクエリでプライマリキー違反が発生しました。商品コード列は商品マスタテーブルにとって特別な列であり、プライマリキーに設定されています。2つの

INSERT命令で同じ'B10001'のデータを追加しようとしているためエラーが発生しているのです。

部長が実行した2つのINSERT命令をよく見てみましょう。

```
INSERT INTO 商品マスタ
VALUES('B10001','おもしろい本',1280,'書籍');
INSERT INTO 商品マスタ
VALUES('B10001','データベース入門',2980,'書籍');
```

```
INSERT INTO 商品マスタ
VALUES('B10001','おもしろい本',1280,'書籍');
```

商品コード列の内容が**同じ**

```
INSERT INTO 商品マスタ
VALUES('B10001','データベース入門',2980,'書籍');
```

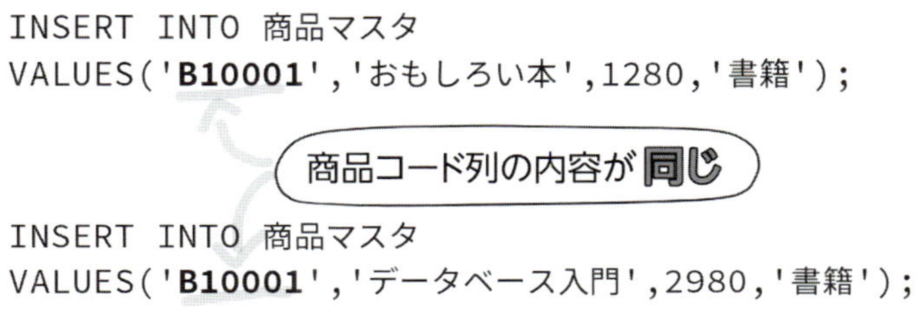

プライマリキーに指定されている列には重複した値を記録できなくなります。最初のクエリで商品コードが'B10001'の行をINSERTで追加しました。2つ目のクエリをコピペで作成したのか、商品コードが同じ'B10001'になってしまっています。

商品コード列の内容が重複してしまうのでエラーになります。プライマリキーとなっている列（ここでは商品コード）は各行で異なる値になっていなければなりません。

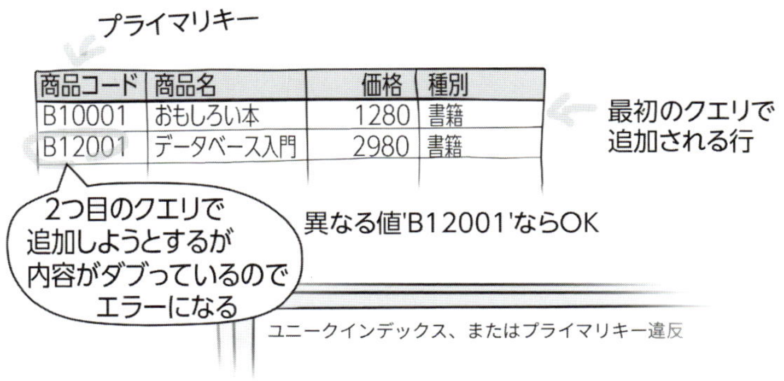

プライマリキー

商品コード	商品名	価格	種別
B10001	おもしろい本	1280	書籍
B12001	データベース入門	2980	書籍

最初のクエリで追加される行

2つ目のクエリで追加しようとするが内容がダブっているのでエラーになる

異なる値'B12001'ならOK

ユニークインデックス、またはプライマリキー違反

2 プライマリキーって必要？

プライマリキーの必要性に疑問がある部長です。丸山君も回答に困っているようです。

プライマリキーが付いていないテーブルを作成することも可能ではありますがリレーショナル・データベースとしてはテーブルにはプライマリキーを設定したほうが望ましいとされています。

プライマリキーが付いていたほうがよい理由として**テーブルどうしの結合がしやすいから**という点があります。結合とは複数のテーブルをつなぎ合わせて検索をするようなSELECT命令の機能なのですが、この結合のときにプライマリキーが付いていたほうが考えやすくなります。

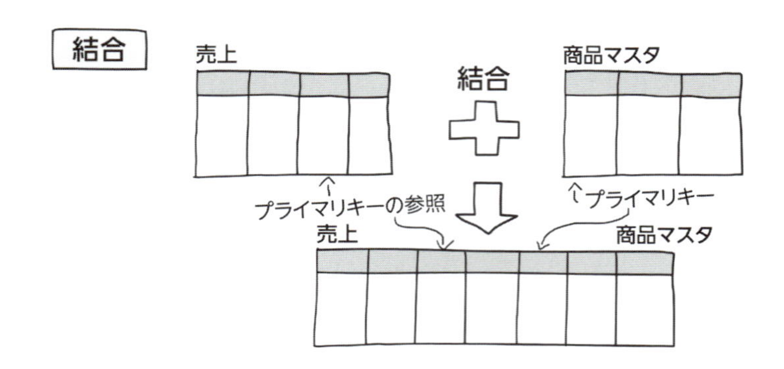

もう1つの理由に**検索が速くなるから**という点があります。プライマリキーを設定するとキーに指定された列でインデックスが作成されます。インデックスがあると検索を効率的にできるようになるので、処理速度が上がります。とくに大量のデータがある場合にインデックスは有効なものになります。

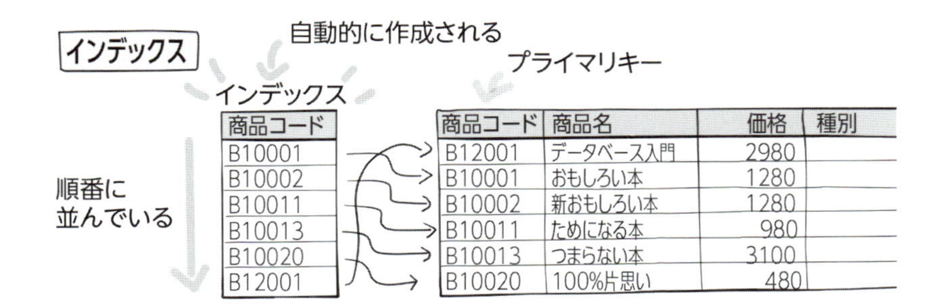

プライマリキーの説明として電話番号を例にしましょう。電話回線には固有な番号が付いてますよね。同じ電話番号が同時に2カ所で使われていたら電話のシステムは成り立ちません。メールアドレスも同様に世界中を探しても同じものが存在しない無二なものです。同じものが存在しない無二な状態を「ユニークである」といったりします。こういったユニークなデータをデータベースではプライマリキーとして使うことがよく行われています。

3 インデックスってなに？

プライマリキーの必要性については納得した部長です。今度は「インデックス」に引っかかっています。

本には索引が付いていることが多くありますよね。索引には単語が順番に並べられているので、目的のキーワードを効率的に見つけることができます。

データベースのインデックスは本の索引と同じようにテーブルのデータを順番に並べ替えたものです。順番に並べ替えておけばそれを使って検索を効率的に行うことが可能になります。

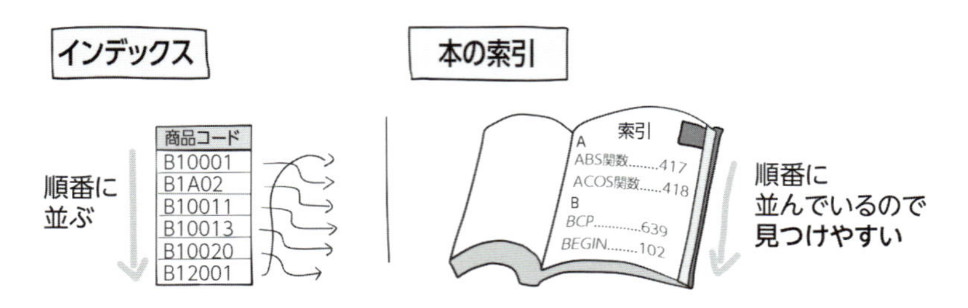

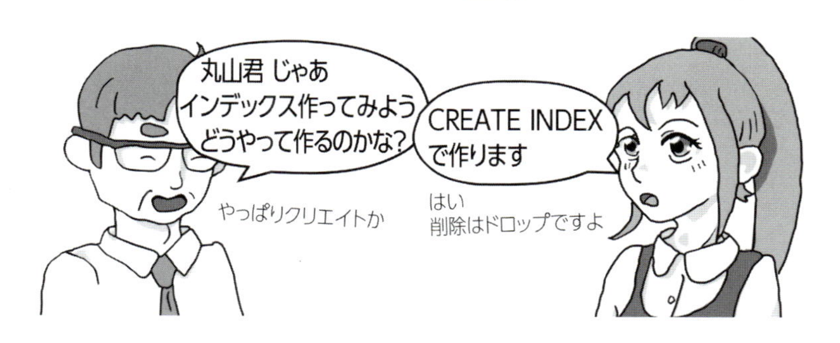

プライマリキー列を設定すると自動的にインデックスが作成されますが、**CREATE INDEX（インデックス）命令**で任意にインデックスを作成することができます。

次のクエリで商品テーブルの商品名列にインデックスを付けることができます。

```
CREATE INDEX 商品名の索引 ON 商品マスタ(商品名);
```

上記のクエリで、商品マスタの商品名列の内容でインデックス「商品名の索引」が作成されます。インデックスの名前が「商品名の索引」になります。

インデックスを削除するときは、DROP INDEX命令を使います。DROP INDEXに続けてインデックス名を指定します（テーブル名の指定が必要な場合もある）。

```
DROP INDEX 商品名の索引;
```

CREATE INDEX 商品名の索引 **ON 商品マスタ**(商品名);

CREATE INDEX で作成

商品名の索引

商品名
100%片思い
おもしろい本
ためになる本
つまらない本
データベース入門
新おもしろい本

商品マスタ

商品コード	商品名	価格	種別
B12001	データベース入門	2980	
B10001	おもしろい本	1280	
B10002	新おもしろい本	1280	
B10011	ためになる本	980	
B10013	つまらない本	3100	
B10020	100%片思い	480	

DROP INDEX 商品名の索引; で削除

インデックスを削除しても
テーブルには影響しない

10-3 ビューを使ってみよう

テーブルと並ぶデータベースオブジェクトであるビューについて解説します。ビューを作ることで複雑なクエリを仮想的なテーブルにすることができ便利になります。

1 ビューってなに？

データベースオブジェクトにはテーブル、インデックスそれにビューがありました。そのビューがなに者なのか興味があるようです。

丸山君のいうとおり仮想的なテーブルがビューになります。といわれてもよくわからないと思いますので、詳しく解説していきます。

まず、SELECT命令の実行結果はテーブルのように表形式となることを理解しましょう。SELECT句で列を限定しても、WHERE句で行を絞り込んでも、GROUP BY句で集計処理しても結果はテーブルと同じ表形式の構造で得ることができます。

これまではSELECT命令の実行結果をクライアントツールで見ていただけなのですが、**実行結果をそのままデータベースオブジェクトとして名前を付けて保存してしまおう、というのがビューの概要**です。

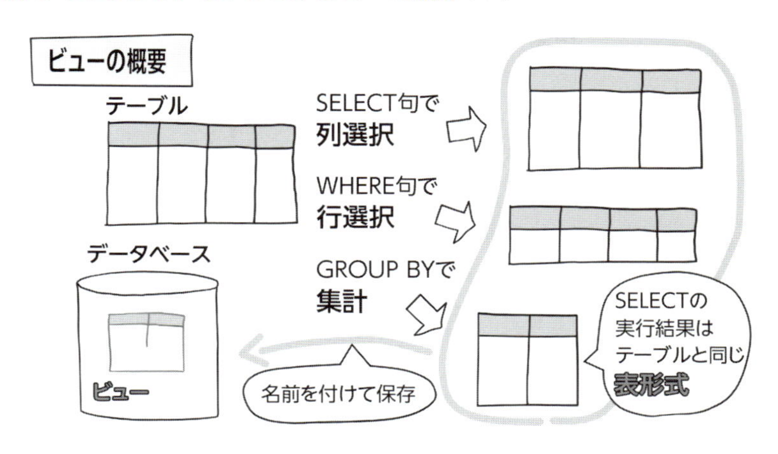

データベース内に作成されたビューはテーブルと同じように扱うことができます。ただし例外もありますが、INSERT、DELETE、UPDATEはビューに対して実行することはできません。読み出し専用のテーブルになると思ってください。

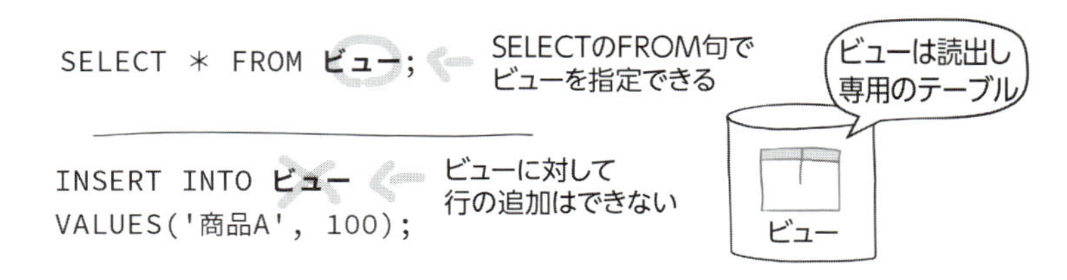

集計処理のような複雑なクエリをビューとしてデータベースに登録しておけば、あとから単純なSELECT命令で集計処理の結果を得ることができるようになります。これがビューを作成することの最大のメリットになります。

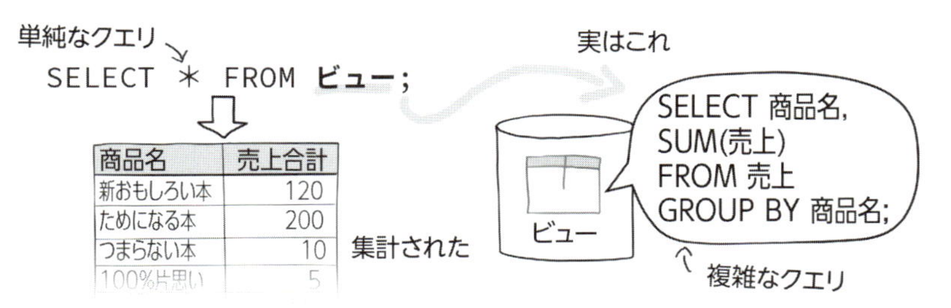

商品名	売上合計
新おもしろい本	120
ためになる本	200
つまらない本	10
100%片思い	5

2 ビューを作成してみよう

やはりせっかちな部長です。早くビューを作りたいようですね。

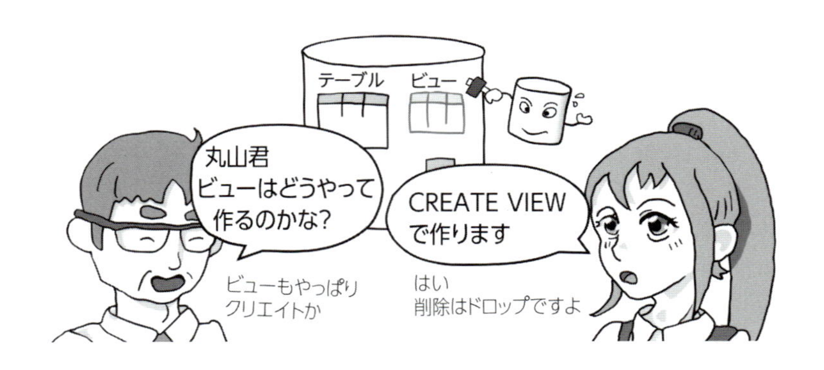

もうCREATE命令のパターンを理解いただいていることと思いますが、ビューは**CREATE VIEW（ビュー）命令で作成**します。**削除はDROP VIEW命令**になります。

ビューの作成時はビューの名前とビューで使う列名それにビューの元ネタとなるSELECT命令を指定することになります。次のクエリがビューを作成する例です。

```
CREATE VIEW 商品別売上(商品名, 売上合計) AS
SELECT 商品名, SUM(売上) FROM 売上
GROUP BY 商品名;
```

ビューの名前　　ビューの列名

```
CREATE VIEW 商品別売上(商品名, 売上合計) AS
SELECT商品名,SUM(売上) FROM 売上
GROUP BY 商品名;
```

SELECT句と対応している必要がある

SELECT命令

全体でCREATE VIEW命令

作成したビューはテーブルとして参照することができます。SELECT命令の

FROM句にビュー名を指定できるのです。ここではビュー「商品別売上」を作成したので、次のようにFROM句で商品別売上を指定したクエリにすることができます。

```
SELECT * FROM 商品別売上;
```

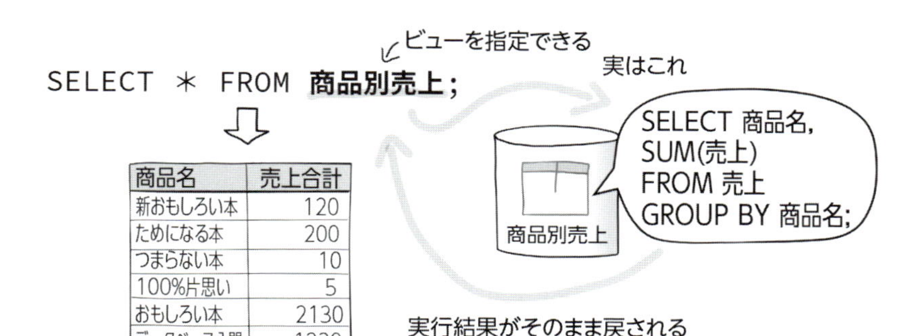

商品名	売上合計
新おもしろい本	120
ためになる本	200
つまらない本	10
100%片思い	5
おもしろい本	2130
データベース入門	1230

ビュー側のSELECT命令ではGROUP BYで商品名別に売上の合計を計算しています。この長ったらしいSELECT命令が、仮想的なテーブル=ビューである「商品別売上」に凝縮されている感じになります。**ビューを参照する側のクエリはごくかんたんなものですが、これだけで集計処理ができてしまう**わけです。

上記のクエリではビューの効果を見るために単純なものとしましたが、WHERE句で条件を付けたり、ORDER BYで並べ替えたり、とSELECT命令の各句が使用できます。次のクエリはWHERE句を付けてみた例です。

```
SELECT * FROM 商品別売上 WHERE 売上合計>1000;
```

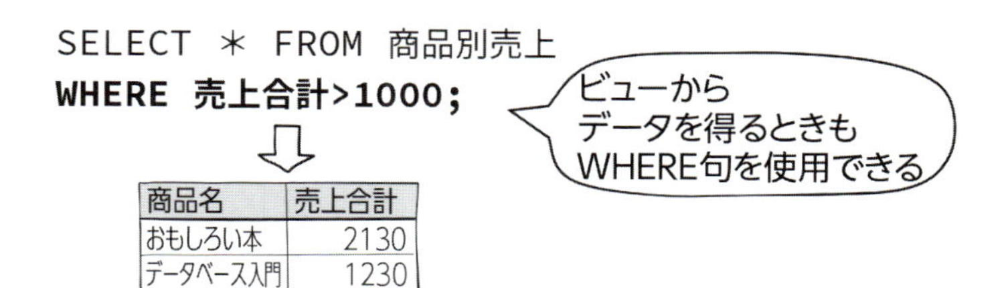

商品名	売上合計
おもしろい本	2130
データベース入門	1230

データベースオブジェクトのビューを作成しなくてもSELECT命令の一部分でビューを定義してしまうことができます。このような手法はSELECT命令文の中でビューを定義することから**インラインビュー**と呼ばれます。

インラインビューではWITH（ウィズ）句でビューを定義します。WITH句はSELECT句の前に書くちょっと変わった句になります。

CREATE VIEWしないで
WITHでビューを定義

```
① [WITH … (SELECT …) ]
② SELECT …
③ FROM …
④ [WHERE …]
```

ビュー用のSELECT命令

あとは同じ

WITH句ではビューの名前と元となるSELECT命令を指定します。CREATE VIEWがWITHに変更になった感じになります。WITH句でビューが定義できるので、命令の後半でSELECT句、FROM句といつものようにSELECT命令の各句を書けばOKです。各句ではインラインビューを名前で参照することができます。次は236ページで作成した商品別売上ビューをWITHでインラインビューとした例になります。

```
WITH インライン(商品名, 売上合計) AS
(SELECT 商品名, SUM(売上) FROM 売上 GROUP BY 商品名)
SELECT * FROM インライン;
```

```
WITH インライン(商品名, 売上合計) AS
(SELECT 商品名, SUM(売上) FROM 売上 GROUP BY 商品名)
  SELECT * FROM インライン;
```

実はこれ

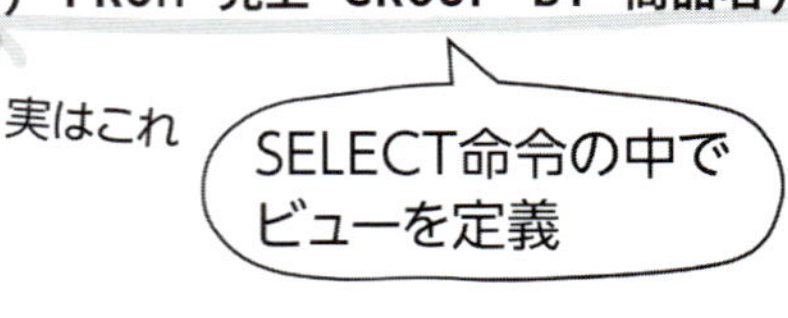

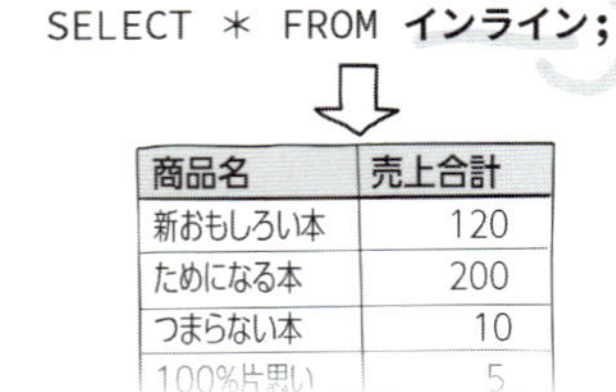

商品名	売上合計
新おもしろい本	120
ためになる本	200
つまらない本	10
100%片思い	5

3 テーブルが削除できない？

テーブルを作成し直そうとDROP TABLEで削除を試みた部長ですが、削除できずに困っているようです。

部長は売上テーブルを削除しようとしてエラーになってしまいました。売上テーブルは商品別売上ビューで参照しているテーブルになります。売上テーブルを削除してしまうと、商品別売上ビューが機能しなくなってしまうため**データベースの保護機能がはたらき**、削除できないようになっているのです。

商品別売上ビューをDROP VIEWで削除してから、売上テーブルをDROP TABLEで削除すればエラーにはなりません。

第 10 章

第10章のまとめ

データベースオブジェクトはDDLで作成、削除することができます

データベースオブジェクトにはテーブル、ビュー、インデックスがあります

テーブルのプライマリキーはリレーショナルデータベースでの重要な概念になります

インデックスを作成することで検索が速くなります

第  章

複数のテーブルを扱ってみよう

サブクエリを使ってみよう

SELECT命令は、ほかの命令と組み合わせて使うことができます。入れ子になったSELECT命令のことをサブクエリと呼びます。どのようなものなのか見ていくことにしましょう。

1 いちばん古いデータを見つけてみよう

SQL初心者を卒業して中級者にレベルアップした部長ですが、まだまだ丸山君の手助けが必要なようです。

集約関数のところで紹介できませんでしたが、**MIN（ミン）集約関数**を使えば集合の最小値を計算することができます。日付データの場合小さい値ほど古いことになります。次のクエリでいちばん古い日付を得ることができます。

```
SELECT MIN(日付) FROM 売上;
```

SELECT **MIN(日付)** FROM 売上;

⇩ ← MINで最小値を計算

MIN(日付)
2018-05-01

← いちばん古い日付が計算できた

DELETE命令のWHERE句に削除条件で「日付='2018-05-01'」と指定すればよいのですが、**リテラルの部分をSELECT命令に置き換えてしまうことができるのです**。次がそのクエリです。

```
DELETE FROM 売上
WHERE 日付 = (SELECT MIN(日付) FROM 売上);
```

```
DELETE FROM 売上
WHERE 日付 = (SELECT MIN(日付) FROM 売上);
```

商品名	日付	売上
データベース入門	2018-05-01	1230
おもしろい本	2018-05-01	30
新おもしろい本	2018-05-02	120
おもしろい本	2018-05-03	2100

日付が'2018-05-01'となっている行が削除される

'2018-05-01'の部分を括弧付きのSELECT命令に置き換えた

なお、SELECT、UPDATE命令のWHERE句やSET句でもSELECT命令を入れ子にして組み合わせることができます。DELETE命令を実行したあと、SQL実行ツールの「ファイル」メニューの「テーブルをリセット」で元に戻しておいてください。

2 サブクエリってなに？

サブクエリがどの部分であるのかが気になる部長です。気になることは丸山君に質問です。

丸山君のいうとおり**丸括弧で囲まれたSELECT命令がサブクエリ**になります。SELECT以外のINSERT、DELETE、UPDATE命令を括弧で囲んでもサブクエリにはなりませんし、入れ子にして使うこともできません。

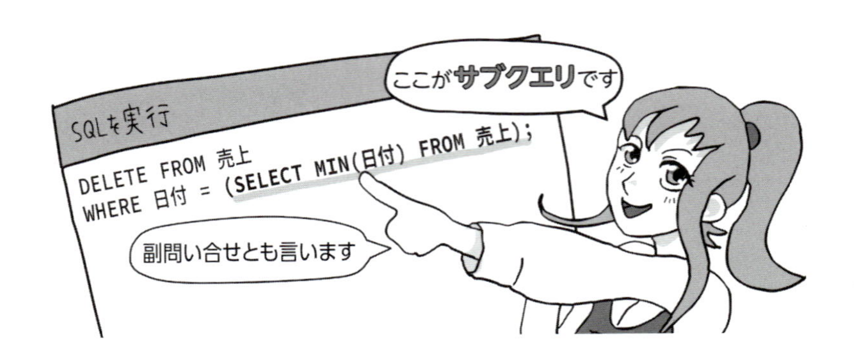

サブクエリはSELECT句、FROM句、WHERE句、SET句、VALUES句で使われることが多く、ORDER BY句、GROUP BY句ではあまり使われません。ですが、使われないというだけであって、サブクエリが書けないかというとそうではありません。サブクエリは式の中の1つの要素ですから、式の中であればどこでも書くことができます。

SELECT句で

```
SELECT (SELECT MIN(日付) FROM 売上);
```

サブクエリ

FROM句で

```
SELECT * FROM (SELECT MIN(日付) FROM 売上);
```

サブクエリ

WHERE句で

```
SELECT * FROM 売上
WHERE 日付 = (SELECT MIN(日付) FROM 売上);
```

サブクエリ

SET句で

```
UPDATE 売上 SET 日付=(SELECT MIN(日付) FROM 売上);
```

サブクエリ

VALUES句で

```
INSERT INTO 売上(日付)
VALUES ((SELECT MIN(日付) FROM 売上));
```

サブクエリ

　式の中ならどこでもサブクエリを書くことができるのですが、サブクエリがどういった結果を戻すのかに留意する必要があります。FROM句にサブクエリを書くケース以外ではサブクエリが**スカラー値**を戻す必要があります。**スカラー値はセル1つ分の単一な値**のことです。

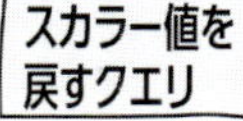


```
SELECT MIN(日付) FROM 売上;
```

MIN(日付)
2018-05-01

サブクエリとして どこでも使える

スカラー値

セル1つ分の **単一**な値

テーブル値を戻すクエリ

```
SELECT 商品名, MIN(日付) FROM 売上
GROUP BY 商品名;
```

商品名	MIN(日付)
新おもしろい本	2018-05-02
ためになる本	2018-05-03
つまらない本	2018-05-04

FROM句以外で サブクエリとして使うと エラーになる

表形式の**複数**の値

3 商品マスタにないデータを検索してみよう

10章で商品マスタテーブルを作成することに成功した部長です。データを入力しきれていないようで足りないデータがあるようです。

部長はINSERT命令で次の状態まで商品マスタテーブルにデータを追加しました。付属のSQL実行ツールを使用している読者の方は「ファイル」メニューの「商品マスタテーブルにデータを作成する」を実行することで部長が作成したデータを再現できます。ついでに「テーブルをリセット」も実行しておきましょう。

商品マスタテーブル

商品コード	商品名	価格	種別
B12001	データベース入門	2980	書籍
B10001	おもしろい本	1280	書籍
B10002	新おもしろい本	1280	書籍
B10020	100%片思い	480	書籍

4行分しかない

ファイル
ファイルを開く
SQLの実行
テーブルをリセット
商品マスタテーブルにデータを作成
SQL実行ツールを終了

上記のデータを再現

売上テーブルには全部で7行のデータがありますが、商品マスタにはまだ4行しか追加できていません。どの商品のデータが追加されていないのかを検索したいというのが部長の要望です。

○ INでサブクエリを使う

部長の要望に応えるためにはサブクエリとINを使用します。INは日付を3つ指定した検索条件で使用しましたね。次がそのときのクエリです。

```
SELECT * FROM 売上
WHERE 日付 IN ('2018-05-01','2018-05-03','2018-05-04');
```

INに続けて括弧内に日付値のリテラルを3つ書くことで、どれかに一致するときに真となるような条件式にすることができました。

INでは括弧の中をサブクエリにすることができます。上記のクエリを応用してちょっと試してみましょう。検索対象を商品コードに変更して、括弧の中に商品マスタの商品コードを取得するSELECT命令を書きます。

```
SELECT * FROM 売上
WHERE 商品コード IN (SELECT 商品コード FROM 商品マスタ);
```

```
SELECT ＊ FROM 売上
WHERE 商品コード IN (SELECT 商品コード FROM 商品マスタ);
```

サブクエリに変更

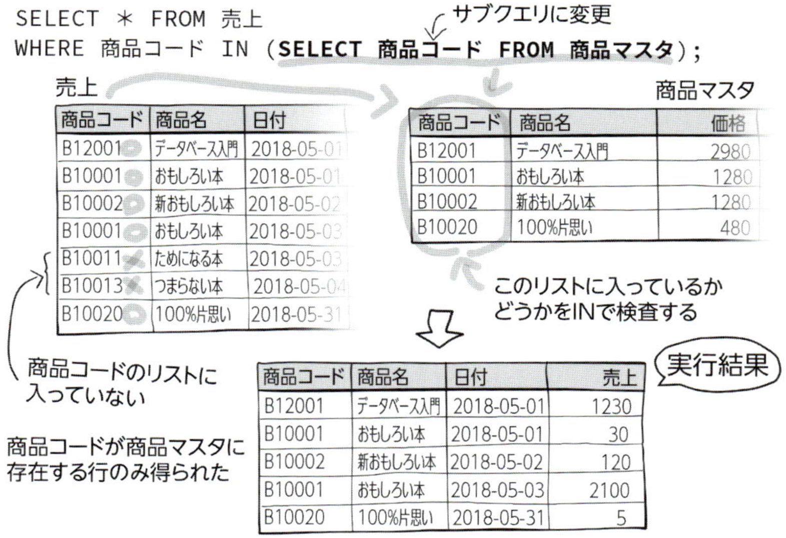

売上

商品コード	商品名	日付
B12001 ○	データベース入門	2018-05-01
B10001 ○	おもしろい本	2018-05-01
B10002 ○	新おもしろい本	2018-05-02
B10001 ○	おもしろい本	2018-05-03
B10011 ×	ためになる本	2018-05-03
B10013 ×	つまらない本	2018-05-04
B10020 ○	100%片思い	2018-05-31

商品マスタ

商品コード	商品名	価格
B12001	データベース入門	2980
B10001	おもしろい本	1280
B10002	新おもしろい本	1280
B10020	100%片思い	480

このリストに入っているかどうかをINで検査する

商品コードのリストに入っていない

実行結果

商品コード	商品名	日付	売上
B12001	データベース入門	2018-05-01	1230
B10001	おもしろい本	2018-05-01	30
B10002	新おもしろい本	2018-05-02	120
B10001	おもしろい本	2018-05-03	2100
B10020	100%片思い	2018-05-31	5

商品コードが商品マスタに存在する行のみ得られた

商品コードが商品マスタにある行だけが抽出できました。部長の要望は反対で**商品マスタに存在しないものを検索したいのでINではなくNOT INにして検索**します。NOT INにすることで「どれか」ではなく「どれでもない」といった条件に変化します。

```
SELECT * FROM 売上
WHERE 商品コード NOT IN (SELECT 商品コード FROM 商品マスタ);
```

```
SELECT * FROM 売上
WHERE 商品コード NOT IN (SELECT 商品コード FROM 商品マスタ)
```

NOT INに変更

売上

商品コード	商品名	日付
B12001	データベース入門	2018-05-01
B10001	おもしろい本	2018-05-01
B10002	新おもしろい本	2018-05-02
B10001	おもしろい本	2018-05-03
B10011	ためになる本	2018-05-03
B10013	つまらない本	2018-05-04
B10020	100%片思い	2018-05-31

商品マスタ

商品コード	商品名	価格
B12001	データベース入門	2980
B10001	おもしろい本	1280
B10002	新おもしろい本	1280
B10020	100%片思い	480

このリストに入っていないか検査する

リストにない

実行結果

商品コード	商品名	日付	売上
B10011	ためになる本	2018-05-03	200
B10013	つまらない本	2018-05-04	10

商品マスタに存在しない行のみ得られた

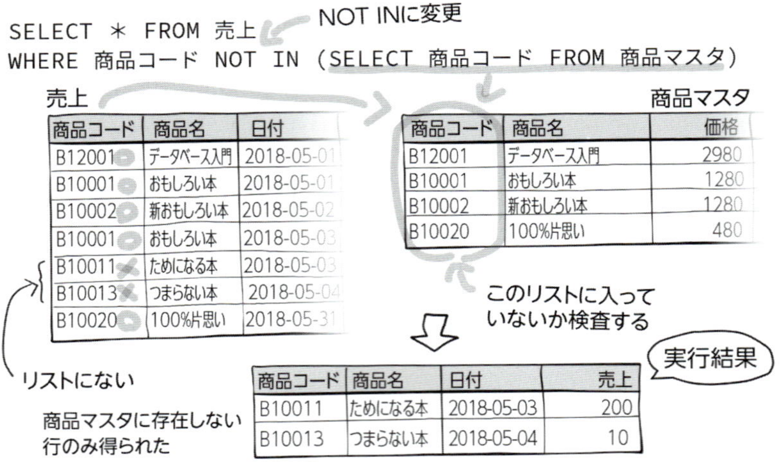

このように**INまたはNOT INの右側にはサブクエリを書くことができます**。その際のサブクエリはスカラー値を戻さなくても大丈夫ですがSELECT句での列指定は単一にする必要があります。

EXISTSを使う方法

商品マスタに商品コードが存在するかどうかを検索するには**EXISTS（イグジスツ）**を使う方法もあります。EXISTSの右側にはINと同様にサブクエリを書くことができ、**サブクエリの結果が空（1行も戻さない）であるかどうかで真偽を判定**します。EXISTSはSQLでの予約語であり、英単語での意味は「存在する」です。つまり、サブクエリの結果がなにかしら存在すれば真となる演算子のようなものと覚えておきましょう。

次のEXISTSを使ったクエリで商品コードが商品マスタに存在しないものを検索することができます（存在しないを検索するためNOT EXISTSになります）。

```
SELECT * FROM 売上 WHERE NOT EXISTS
(SELECT * FROM 商品マスタ WHERE 商品コード=売上.商品コード);
```

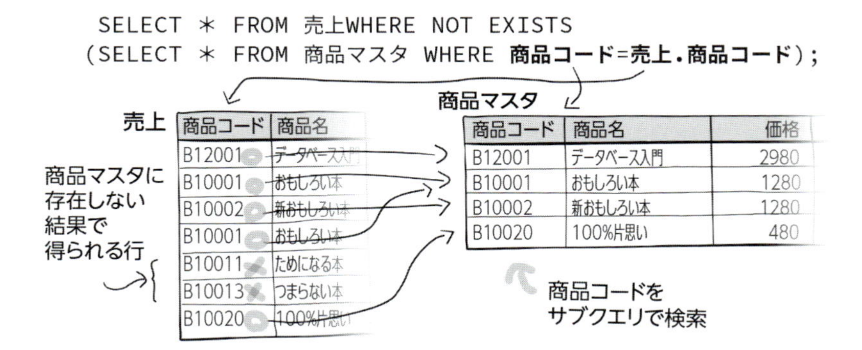

INのときとは異なり、EXISTSの左側にはなにも書きません。なにかとなにかを比較するのではなく、サブクエリの結果だけを見て真偽を判定するからです。

相関サブクエリ

上記の例ではサブクエリの中で売上テーブル側の商品コードを参照しています。

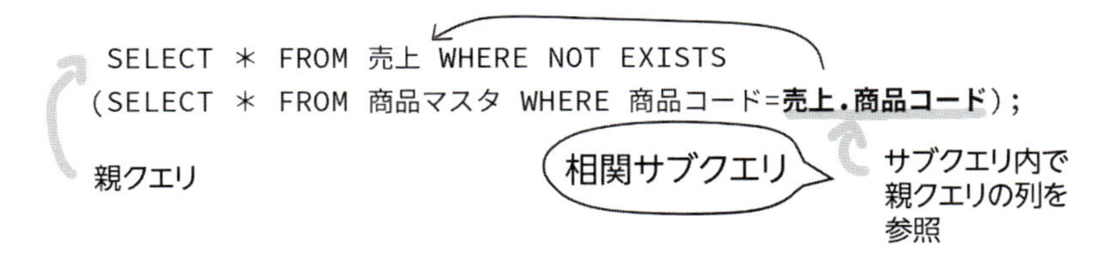

商品マスタテーブルの商品コードどうしを比較しても意味がありません。売上テーブルの商品コードと、商品マスタの商品コードを比較することでサブクエリが意味のあるものとなります。こういった親クエリと関係するサブクエリは相関**サブクエリ**と呼びます。

11-2 テーブルを結合してみよう

SELECT命令はFROM句でのテーブル指定を複数にすることで、複数テーブルからデータを抽出することができます。複数テーブルのデータを合体させ、大きな結果を得るような機能は「結合」と呼びます。

1 商品マスタの列を使ってみよう

サブクエリを使って売上と商品マスタの2つのテーブルを相手にした検索に成功した部長です。しかし、売上テーブルの内容しか表示されないのが不満であるようです。実行結果として商品マスタのデータも見てみたいとの要望です。

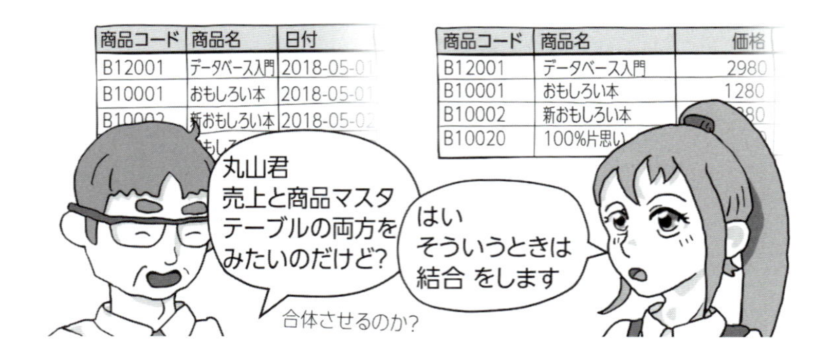

WHERE句でサブクエリを使うと別のテーブルにあるデータで検索をすることができました。SELECT句でサブクエリを使えば商品マスタのデータも実行結果に含めることができますが、もっとよい方法があります。それは**テーブル結合**を行う方法です。

リレーショナル・データベースでは小さなテーブルをたくさん作っておき、それらを結合してわかりやすい結果にするということが頻繁に行われます。

今までのSELECT命令ではFROM句で1つのテーブルしか指定しませんでしたが、結合を行うときはFROM句で複数のテーブルを指定します。

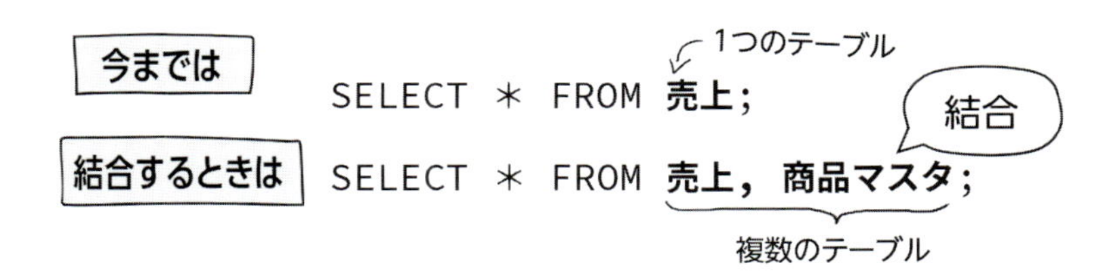

単純にFROM句にテーブルを列挙するとテーブルどうしのデータが組み合わせられ巨大なデータを生成してしまうことになります。そのため**結合を行う際は結合条件を付けテーブル間にどういった関連性があるのかを指示**します。

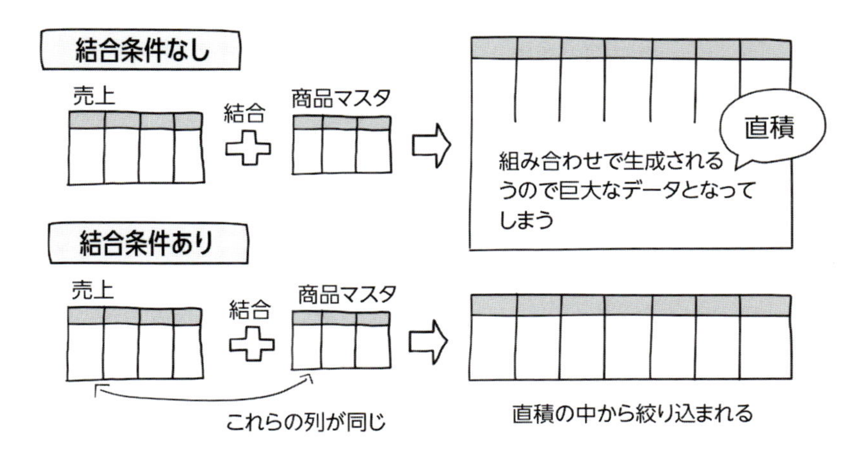

プライマリキーのところで結合のイメージを少し紹介しました。結合時の結合条件はプライマリキーを使用することが基本です。

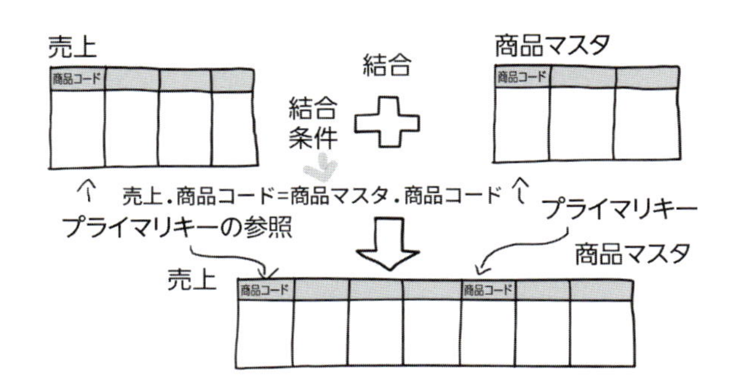

実際に結合を行ってみましょう。次のクエリで売上テーブルと商品マスタを結合することができます。

```
SELECT * FROM 売上 INNER JOIN 商品マスタ
ON 売上.商品コード = 商品マスタ.商品コード;
```

売上と商品マスタを結合

```
SELECT * FROM 売上 INNER JOIN 商品マスタ
ON 売上.商品コード = 商品マスタ.商品コード;
```

結合条件

実行結果

売上　　　　商品マスタ

商品コード	商品名	日付	売上	商品コード	商品名	価格	種別
B12001	データベース入門	2018-05-01	1230	B12001	データベース入門	2980	書籍
B10001	おもしろい本	2018-05-01	30	B10001	おもしろい本	1280	書籍
B10002	新おもしろい本	2018-05-02	120	B10002	新おもしろい本	1280	書籍
B10001	おもしろい本	2018-05-03	2100	B10001	おもしろい本	1280	書籍
B10020	100%片思い	2018-05-31	5	B10020	100%片思い	480	漫画

結合条件は商品コードが同じ

2 INNER JOINの文法を理解してみよう

売上テーブルと商品マスタテーブルを結合することで両方のデータをいっぺんに見ることに成功した部長ですが、やはり結合に必要なINNER JOINの文法が難しいようです。

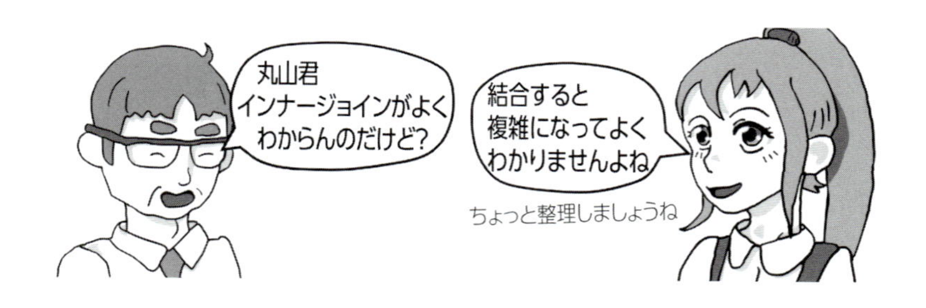

FROM句で売上テーブルと商品マスタテーブルの2つを指定しますが、これら

のテーブルの間に**INNER JOIN(インナージョイン)**と書かれています。JOINの意味はズバリ「結合」です。INNERは「内側」なので、**INNER JOINで内部結合**になります。あとで解説しますが外側の結合というものもあります。こちらはOUTERを使うことになります。単に結合というときはINNER JOINでの内部結合です。

ここまでを整理するとJOINにはINNER JOINとOUTER JOINの2種類があり、JOINの左右にはテーブル名を指定するということになります。

ONに続けて結合条件を書きます。通常の結合条件は2つのテーブルで共通するような列を比較する条件式になります。前ページの例では、売上テーブルの商品コード列と商品マスタの商品コード列が同じ行だけに絞り込みする結合条件としています。EXISTSとサブクエリのところでもテーブル名を付けた列の指定をしましたが、結合のときでも列名が同じになることが多いため「テーブル名.列名」といった列の指定方法で条件式を書きます。

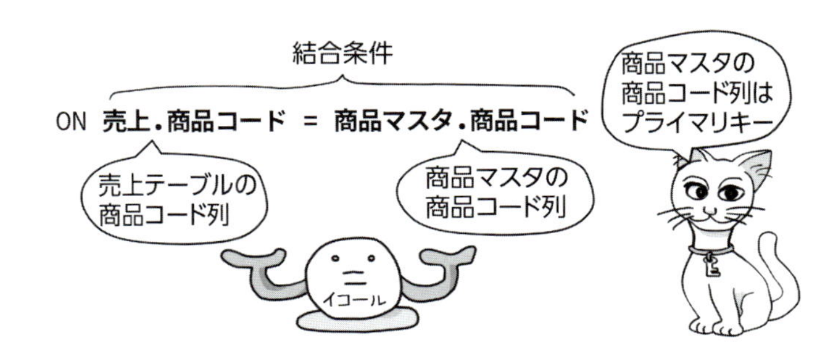

これらの**結合方法の指定がFROM句に**書かれています「FROM テーブル1 INNER JOIN テーブル2 ON 条件式」の部分がFROM句になります。結合を行ったあとでさらに行の絞り込みを行うときは、ON条件式のあとにWHERE句を書いて条件指定することができます。もちろんGROUP BY句、ORDER BY句を書くことも可能です。

3 種別が書籍の行だけ検索してみよう

売上と商品マスタの2つのテーブルのデータを結合により同時に見ることに成功した部長です。この結合の結果からさらに条件を付けて絞り込みを行いたいようです。

丸山君のいうとおりに結合を行っても、WHERE句で抽出条件を付けることができます。ONでの結合条件と同様に、WHERE句でもどのテーブルのどの列であるのかを「テーブル名.列名」の書式で指定することができます。したがって商品マスタの種別列は「商品マスタ.種別」と書けばよいことになります。

実は種別列は商品マスタ側にしか存在しませんので、「種別」とだけ書いても商品マスタ側の種別列であるとDB君が判定してくれます。しかし商品コード列は売上と商品マスタの両方のテーブルに存在する列なので、**「商品コード」とだけ**書くとDB君が見分けられずエラーになります。

売上

商品コード	商品名	日付	売上
B12001	データベース入門	2018-05-01	1230
B10001	おもしろい本	2018-05-01	30

商品マスタ

商品コード	商品名	価格	種別
B12001	データベース入門	2980	書籍
B10001	おもしろい本	1280	書籍

次のクエリで種別が書籍であるデータに絞り込みされます。

```
SELECT * FROM 売上 INNER JOIN 商品マスタ
ON 売上.商品コード = 商品マスタ.商品コード
WHERE 商品マスタ.種別 = '書籍';
```

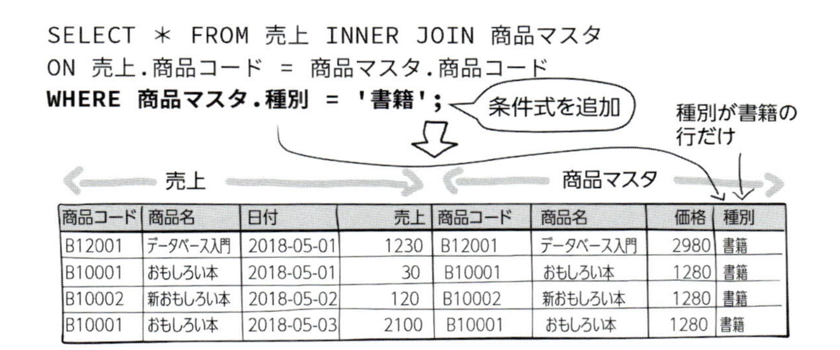

商品コード	商品名	日付	売上	商品コード	商品名	価格	種別
B12001	データベース入門	2018-05-01	1230	B12001	データベース入門	2980	書籍
B10001	おもしろい本	2018-05-01	30	B10001	おもしろい本	1280	書籍
B10002	新おもしろい本	2018-05-02	120	B10002	新おもしろい本	1280	書籍
B10001	おもしろい本	2018-05-03	2100	B10001	おもしろい本	1280	書籍

例では列指定の間違いがないように「商品マスタ.種別」と書きました。「テーブル名.列名」の書式はSELECT句でも使用可能です。上記の例ではSELECT *としているので両方のテーブルの全ての列が対象になっていますが、列名を指定することで列を限定したり、「売上*価格」で売上金額を計算したりするようなこともできるのです。

次のクエリがその例になります。

```
SELECT 売上.商品コード, 売上.商品名, 売上.売上 * 商品マスタ.価格
FROM 売上 INNER JOIN 商品マスタ
ON 売上.商品コード = 商品マスタ.商品コード;
```

4 テーブルに別名を付けてみよう

結合には慣れてきた部長ですが、キーボード操作はあいかわらず苦手なようです。入力しなくてもよい方法がないかとの質問ですがどうなるでしょうか。

SELECT句で式に別名を付けることができましたね。長い計算式に別名を付けておくことでわかりやすい実行結果を表示させることができました。これと同じように**FROM句でのテーブル指定時に別名を付けることができます**。丸山君が提案しているように短い別名を付ければ、それだけ入力する手間を省くことができます。次は売上にU、商品マスタにMの別名を付けたクエリになります。

```
SELECT U.商品コード, U.商品名, U.売上*M.価格
FROM 売上 U INNER JOIN 商品マスタ M
ON U.商品コード = M.商品コード;
```

```
SELECT U.商品コード, U.商品名, U.売上*M.価格
FROM 売上 U INNER JOIN 商品マスタ M
ON U.商品コード = M.商品コード;
```

商品マスタの別名

売上テーブルの別名

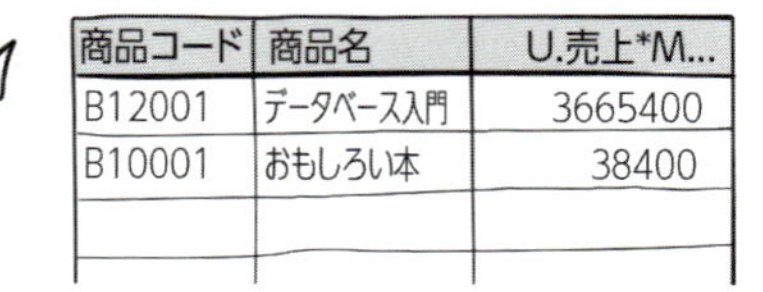

商品コード	商品名	U.売上*M...
B12001	データベース入門	3665400
B10001	おもしろい本	38400

売上がU、商品マスタがMと短い名前になるので少しだけクエリが短くなりました。半角のアルファベットなら漢字変換の必要がないので、入力もしやすいと思います。

テーブル別名の付け方はテーブル名の横にスペースを置いて別名を書くようにします。

テーブル名と別名の間に、ASを付けてもかまいませんが一部のデータベースではASを入れるとエラーになってしまうことがあるので注意しましょう。

```
FROM 売上 AS U INNER JOIN 商品マスタ AS M
```

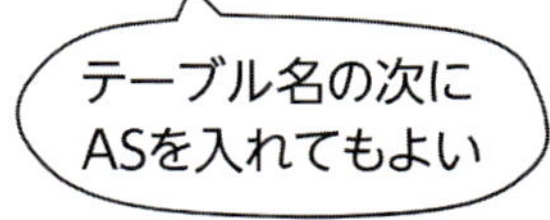

別名を付けると別名でしかテーブルを指定できなくなり、本来のテーブル名は使えなくなります。商品マスタにMという別名を付けたので、「商品マスタ.商品コード」は使えなくなり、「M.商品コード」にする必要がある、ということです。

別名を付けると

商品マスタ M

商品マスタ.商品コード ×

本来の名前は
使えない

M.商品コード ○

11-3 その他の結合を見てみよう

結合の基本はINNER JOINなのですが、結合にはいろいろなバリエーションがあります。ここではその他の結合(外部結合とUNIONでの結合)を解説します。

1 商品マスタのほうにデータがないと出てこない?

結合して得られた結果をじっくりと見ていた部長がなにか気付いたようです。なにやらデータが抜けてしまっているようです。これはいったいどういうことなのでしょうか。

サブクエリのところで商品マスタに存在しない商品データを検索しましたね。商品マスタに足りないデータを追加するために検索したわけですが、部長は追加するのをすっかり忘れてしまっています。なので、売上テーブルのデータのうち商品コードが'B10011'と'B10013'の2つは商品マスタ側にデータが存在しません。

内部結合の場合はこういった結合条件が失敗するような状況では実行結果として報告されなくなります。

内部結合でのクエリと実行結果をもう一度見てみましょう。

```
SELECT * FROM 売上 U INNER JOIN 商品マスタ M
ON U.商品コード = M.商品コード;
```

SELECT * FROM 売上 U INNER JOIN 商品マスタ M
ON U.商品コード = M.商品コード

売上

商品コード	商品名	日付
B12001	データベース入門	2018-05-01
B10001	おもしろい本	2018-05-01
B10002	新おもしろい本	2018-05-02
B10001	おもしろい本	2018-05-03
B10011	ためになる本	2018-05-03
B10013	つまらない本	2018-05-04
B10020	100%片思い	2018-05-31

商品マスタ

商品コード	商品名	価格	種別
B12001	データベース入門	2980	書籍
B10001	おもしろい本	1280	書籍
B10002	新おもしろい本	1280	書籍
B10020	100%片思い	480	書籍

商品マスタ側に存在しないデータが抜け落ちる

実行結果

商品コード	商品名	日付	売上	商品コード	商品名	価格	種別
B12001	データベース入門	2018-05-01	1230	B12001	データベース入門	2980	書籍
B10001	おもしろい本	2018-05-01	30	B10001	おもしろい本	1280	書籍
B10002	新おもしろい本	2018-05-02	120	B10002	新おもしろい本	1280	書籍
B10001	おもしろい本	2018-05-03	2100	B10001	おもしろい本	1280	書籍
B10020	100%片思い	2018-05-31	5	B10020	100%片思い	480	漫画

INNER JOINと対応するものとして**OUTER JOIN（アウタージョイン）**があると解説しました。OUTER JOINであればどちらか一方にしかキーとなるデータが存在しない状況でも全ての行を表示させることができます。

OUTER JOINでもテーブルを左右に書く必要がありますが、左右のどちらのテーブルを優先して全て表示するのかをキーワードのLEFTまたはRIGHTを使ってOUTERの前で指示します。さらにOUTERは省略可能ですので、実際は**LEFT JOIN**または**RIGHT JOIN**がよく使われます。

次のクエリで売上と商品マスタを左外部結合できます。JOINの左側で指定されている売上テーブルが優先され全データが実行結果として戻されます。

```
SELECT * FROM 売上 U LEFT JOIN 商品マスタ M
ON U.商品コード = M.商品コード;
```

```
SELECT * FROM 売上 U LEFT JOIN 商品マスタ M
ON U.商品コード = M.商品コード;
```

売上

商品コード	商品名	日付
B12001	データベース入門	2018-05-01
B10001	おもしろい本	2018-05-01
B10002	新おもしろい本	2018-05-02
B10001	おもしろい本	2018-05-03
B10011	ためになる本	2018-05-03
B10013	つまらない本	2018-05-04
B10020	100%片思い	2018-05-31

商品マスタ

商品コード	商品名	価格	種別
B12001	データベース入門	2980	書籍
B10001	おもしろい本	1280	書籍
B10002	新おもしろい本	1280	書籍
B10020	100%片思い	480	書籍

商品マスタ側に存在しないデータ

実行結果

商品コード	商品名	日付	売上	商品コード	商品名	価格	種別
B12001	データベース入門	2018-05-01	1230	B12001	データベース入門	2980	書籍
B10001	おもしろい本	2018-05-01	30	B10001	おもしろい本	1280	書籍
B10002	新おもしろい本	2018-05-02	120	B10002	新おもしろい本	1280	書籍
B10001	おもしろい本	2018-05-03	2100	B10001	おもしろい本	1280	書籍
B10011	ためになる本	2018-05-03	200				
B10013	つまらない本	2018-05-04	10				
B10020	100%片思い	2018-05-31	5	B10020	100%片思い	480	漫画

データがないのでNULL

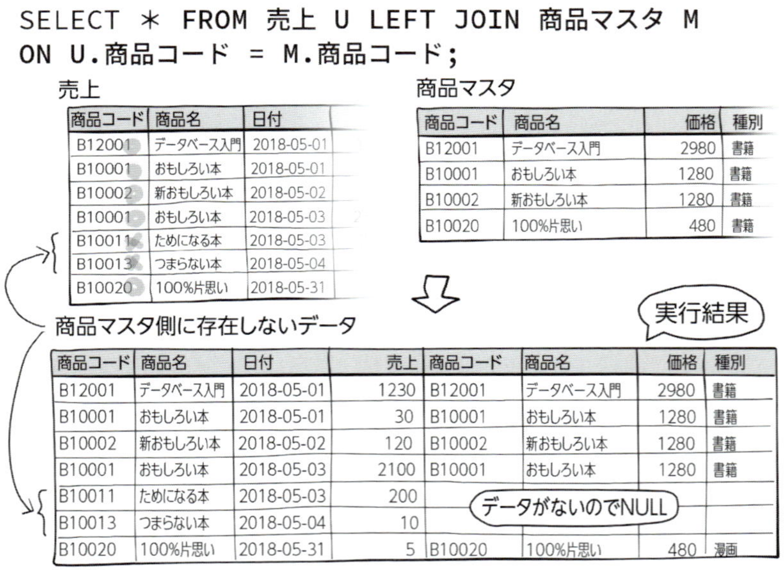

外部結合にしたので内部結合のときにはなかった'B10011'と'B10013'のデータが結果に表れるようになりました。結果の右側には商品マスタテーブルの列が並びますが、追加された'B10011'と'B10013'の行ではデータが存在しないためNULL状態になります。

2 2つのテーブルをUNIONで合体させてみよう

商品マスタに足りないデータを追加していきたいと思っている部長です。売上テーブルと出荷テーブルに商品コードと商品名のデータがありますが、これらを合体させて1つのテーブルのようにしたいと思っているようです。

JOINによる結合ではテーブルを横につなげた感じにすることができます。テーブルを縦方向につなぎ合わせるには**UNION（ユニオン）**を使うとよいでしょう。

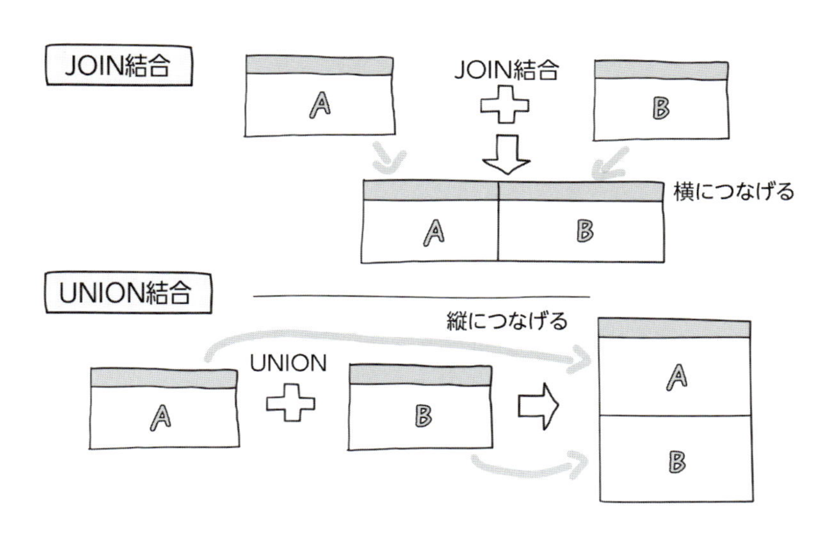

UNIONでの結合はFROM句に複数のテーブルを書くのではなく、2つのSELECT命令をUNIONキーワードでつなぐことで行われます。縦方向につなげるため2つのSELECT命令でSELECT句での列指定が一致している必要があります。一致していなければならないのは列の数とデータ型になります。

FROM 売上 INNER JOIN 商品マスタ

FROM句に
テーブルを並べて書く

UNION結合

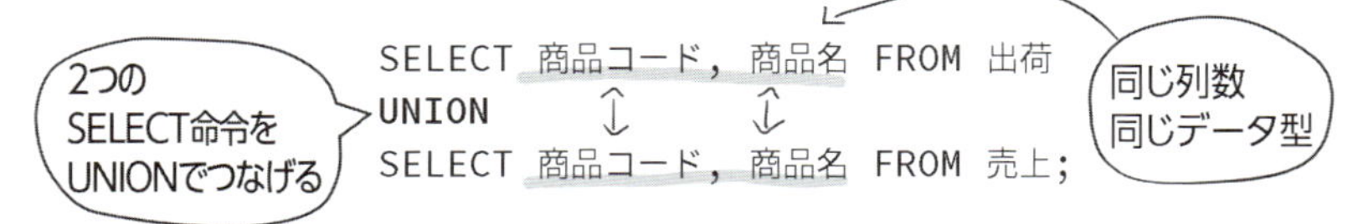

次のクエリで出荷テーブルと売上テーブルをUNIONで結合することができます。セミコロンは最後に付ける必要があるので注意してください。

```
SELECT 商品コード, 商品名 FROM 出荷
UNION
SELECT 商品コード, 商品名 FROM 売上;
```

UNIONで
つなげる

```
SELECT 商品コード, 商品名 FROM 出荷
UNION
SELECT 商品コード, 商品名 FROM 売上;
```

セミコロンは最後に付ける

商品コード	商品名
B10013	つまらない本
B10011	ためになる本
B10002	新おもしろい本
B10001	おもしろい本
B12001	データベース入門
B10020	100%片思い
B10003	続おもしろい本

重複データが1つに
まとめられて表示される
UNION ALLと
することで全てを
表示することも可能

3 UNION結合でソートしてみよう

出荷テーブルと売上テーブルをUNION結合して、商品コードと商品名のリストを作成することに成功した部長です。商品コードでソートしたいと思っていますが、ORDER BYをどこに書けばよいのかわからないみたいです。

UNIONの前後にはSELECT命令を書くわけですが、WHERE句やGROUP BY句があってもかまいません。ただし、ORDER BY句については最後のSELECT命令にだけ記述しなければなりません。

次のクエリのように、**最後のSELECT命令でORDER BYを使ってソート**を行うようにします。

```
SELECT 商品コード, 商品名 FROM 出荷 UNION
SELECT 商品コード, 商品名 FROM 売上 ORDER BY 商品コード;
```

```
SELECT 商品コード, 商品名 FROM 出荷 UNION
SELECT 商品コード, 商品名 FROM 売上 ORDER BY 商品コード;
```

ORDER BYは最後に付ける

商品コードでソートされた

商品コード	商品名
B10001	おもしろい本
B10002	新おもしろい本
B10003	続おもしろい本
B10013	つまらない本
B10011	ためになる本
B12001	データベース入門
B10020	100%片思い

第11章のまとめ

サブクエリを使うことで別テーブルのデータを参照することができます。

JOINで結合すると複数のテーブルから結果を得ることができます。

UNIONで結合するとテーブルを縦に並べるようにして結果を得ることができます。

トランザクションを使ってみよう

トランザクションを使ってみよう

トランザクションを解説します。SQL命令を実行するときはいつもトランザクション処理のお世話になっているのですが、あまり意識していませんよね。

1 オートコミットってなに？

どこで聞きかじったのか部長が丸山君にトランザクションの質問をしています。

トランザクションとは、データベースに命令を出して、その命令が確定するまでの一連の操作ことをさします。木で鼻をくくるようないい方なので、具体的に説明していきます。

多くのクライアントツールはオートコミットモードに設定されています。付属のSQL実行ツールでも「自動コミット」ボタンが有効な状態ならば、オートコミットモードです。

コミットはデータベースにSQL命令でのデータ操作を確定させる命令のことです。実際にトランザクション処理を行うDCLに**COMMIT（コミット）**という命令があります。

SELECT命令ではデータが変化することはありませんが、INSERT、UPDATE、DELETEでは命令を実行する前と後でデータが変化することになります。**変化したデータを確定するための命令がCOMMIT**です。

INSERT、UPDATE、DELETE命令を実行すると仮データが生成され、COMMIT命令を実行すると仮データの内容が実データに反映される、と考えると理解しやすいと思います。

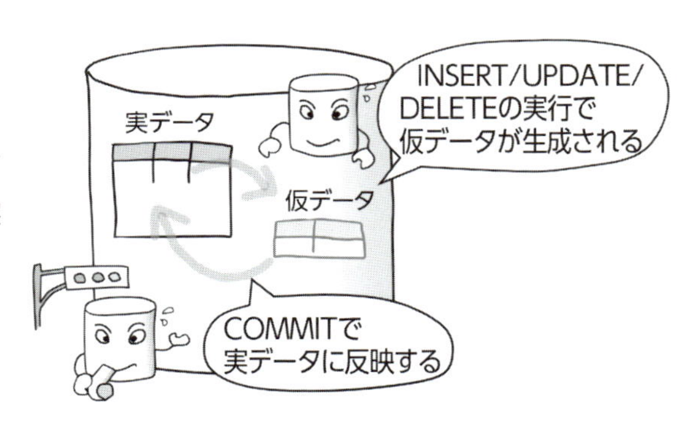

オートコミットモードとなっているとSQL命令が実行されるたびにCOMMIT命令もいっしょに実行されます。オートコミットモードでない場合、COMMIT命令が自動的に実行されません。そのため手動で任意のタイミングで**COMMIT命令を実行しないと、データベースに対する変更が確定しません**。

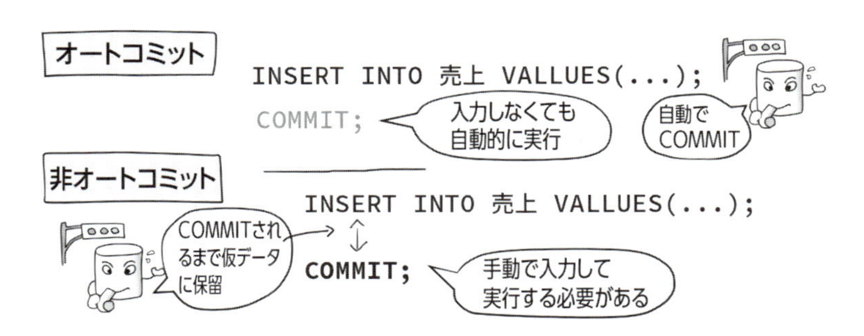

2 トランザクションの機能を理解してみよう

オートコミットにしないで手動でCOMMITを行うことに有用性を見い出せない部長です。丸山君の答えはどうなるでしょうか？

複数のクライアントが存在するシステムではトランザクション機能が必須なのですが、サーバーとクライアントが同じならオートコミットで十分であることは確かです。しかし、間違えたときに元に戻す操作、**ROLLBACK（ロールバック）**できるのは便利です。

現に部長はDELETE命令にWHERE句を付けずに全データを削除してしまいましたよね（189ページ）。このときオートコミットモードでなければROLLBACK命令を実行することでDELETE命令をなかったことにできます。つまりかんたんにデータが復旧できるわけです。

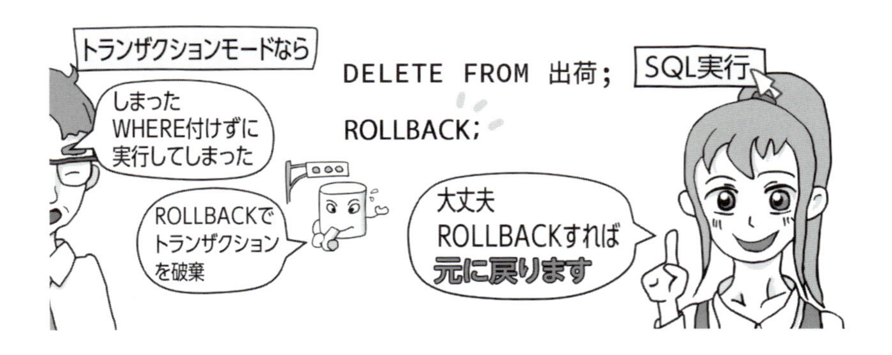

試しにオートコミットを止めて、どういった動きになるのかを見てみることにしましょう。まずは「自動コミット」ボタンをクリックして無効な状態にします。

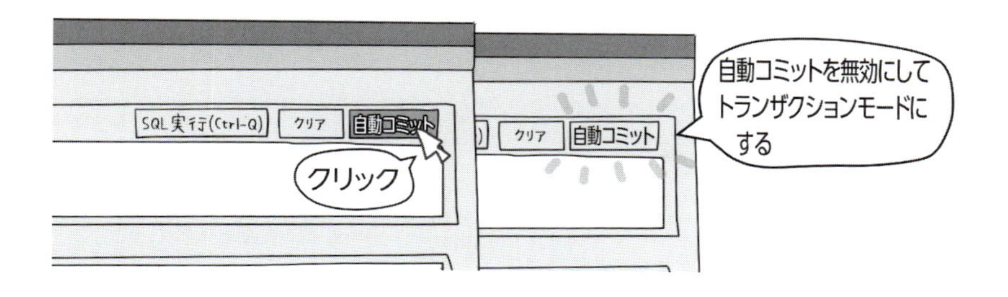

DELETE命令で出荷テーブルの全データを削除します。

```
DELETE FROM 出荷;
```

削除できたかどうかSELECT命令で確認します。

```
SELECT * FROM 出荷;
```

SELECT ＊ FROM 出荷;

伝票番号	商品コード	商品名	個数	返品数	単価

削除されてなくなっている

なくなっちゃいましたね。しかし心配ご無用、ROLLBACKでトランザクションを破棄してしまいます。

```
ROLLBACK;
```

再度、SELECT命令で出荷テーブルの内容を表示させて見てください。データが復活していることがわかります。オートコミットモードを解除してトランザクションモードにしていないと復帰しないのでくれぐれも注意してください。

12-2 クライアントサーバーを理解してみよう

データベースシステムは組み込み型のような一部の例外を除きクライアントサーバー型で構成されるシステムです。クライアントサーバーについて解説します。

1 クライアントサーバーってなに？

トランザクションのところで少し出てきたクライアントサーバーがわからない部長です。いつものように丸山君に質問していますがちょっと様子が違うみたいです。

丸山君逃げてしまいましたね。なにがそんなに忙しいのでしょうか。

クライアントサーバーというのはシステムを作成する際の手法で、クライアントとサーバーの2つに役割分担をしたソフトウェアから構成されるシステムになります。本書ではクライアントツールとかデータベースサーバーとかの用語をよく使っていますが、そのクライアントとサーバーの2つから構成されるシステムがいわゆる**クライアントサーバー型システム**ということになります。クライアントとサーバー間ではネットワークを介してデータ転送が行われます。イラスト内ではクラちゃんがクライアントで、DB君がサーバーになるイメージです。

クライアントサーバーのメリット

どうしてこのようになっているかというと、いろいろなメリットがあるからなのですが、大きなメリットとして**データを共有できる**ということがあります。ふだんはクライアントツールしか使っていないのでサーバーの存在を意識しませんが、サーバーと呼ばれるソフトウェアが裏方で動いています。このサーバーは複数のクライアントからの要求に応えることが可能なのです。

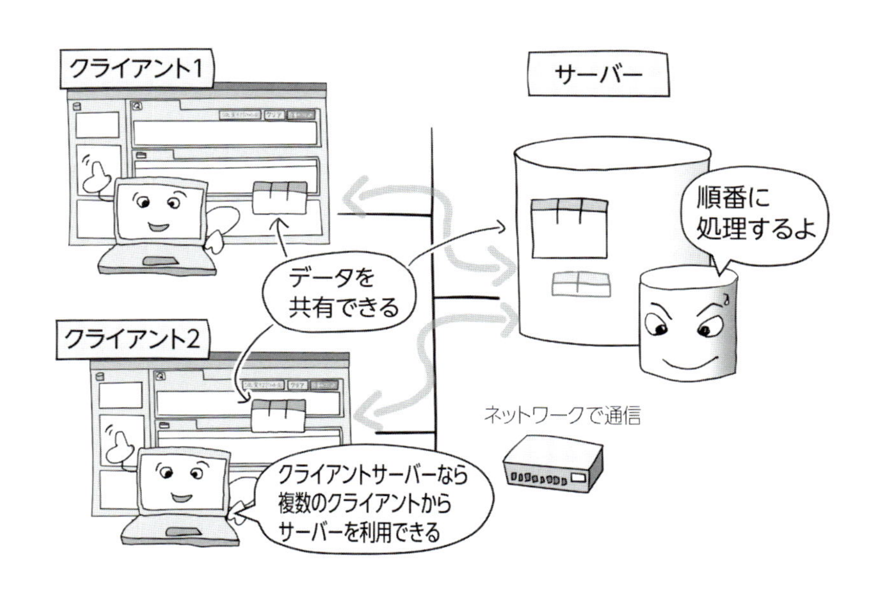

○ 排他制御

複数のクライアントを相手にするようになると、競合や衝突といった問題が出てきます。複数クライアントから同時に命令がやってきたときにサーバー側がどうするかという問題です。一般的にデータベースサーバーでは早い者勝ちで処理されます。同時といってもコンピューター内部では高速に処理されているため、早いほうの区別ができます。最初に受けた命令が終了するまでもう一方の命令はブロックされ処理が遅延します。このような排他制御はトランザクション単位で行われますので、COMMITまたはROLLBACKが実行された時点で命令の終了になります。

このように複数のクライアントを使えるようなシステム環境ではロックの粒度にもよりますが、一般的に処理が終了したら即座にトランザクションを終了させたほうがシステム全体の処理速度が向上します。長い間存続するトランザクションがあると、それだけブロックされる可能性が高くなります。かんたんにいうと、オートコミットモードでなければ、なるべく早くCOMMITなりROLLBACKしてトランザクションを終了させたほうがよいということです。

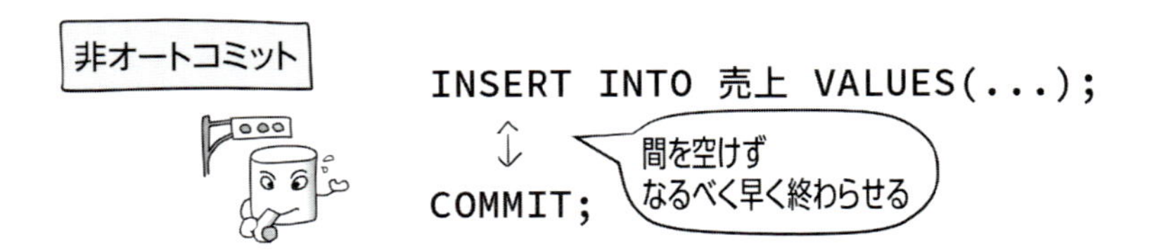

2 ロックについて理解してみよう

排他制御は難しい概念ですが、大規模なデータベースシステムでは必須となる知識といえるでしょう。排他制御ではロックが付き物です。そのロックに関する質問が部長の最後の質問のようです。

丸山君はJavaの勉強をしているみたいですがそれはさておき、排他制御によるブロックはいつも発生するとは限りません。クライアント1が売上テーブルを更新、クライアント2が出荷テーブルにデータ追加と、対象となるテーブルが異なっていればそれらの命令は並列に同時進行で処理されるでしょう。

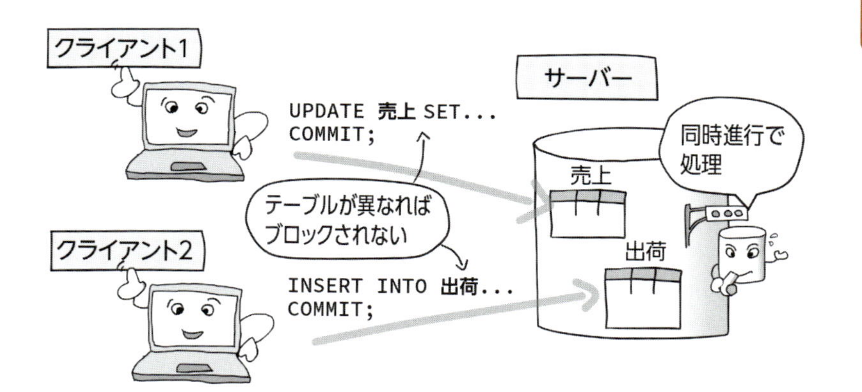

ロックの粒度がテーブル単位となっているようなデータベースでは、対象となるテーブルが重なる命令が同時に発行されると一方のクライアントがブロックされます。

クライアント1が売上テーブルを更新、クライアント2も売上テーブルを更新するような命令が同時に発生するとどちらかがブロックされることになります。

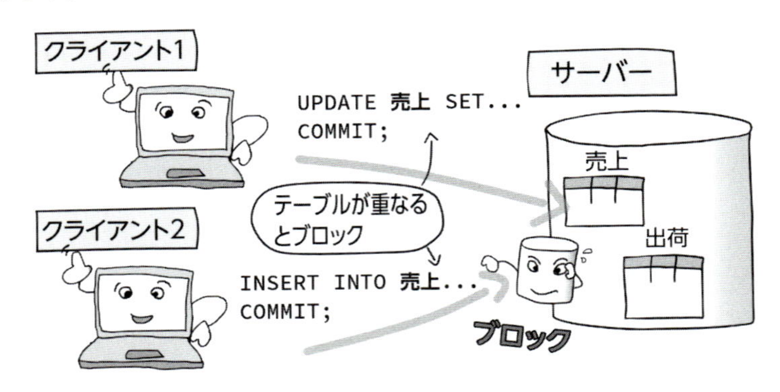

排他制御のしくみ

排他制御やロックのしくみはデータベースごとに微妙に異なっていますが、だいたいは同じです。まず、SQL命令を実行する前段階でSQL命令の対象となっているテーブルやデータがロック可能かどうかを調べます。ほかのクライアントで使用中であるとロックがかかっている状態なので、ロック可能になるまで待機します。ロック可能な状態ならテーブルやデータをロックします。ロックすることでほかのクライアントから保護します。

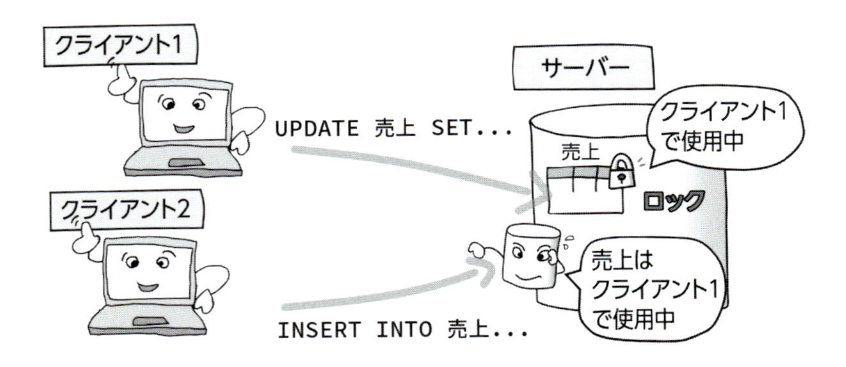

SQL命令の処理が終了してトランザクションが確定した時点でロックを外します。**ロックが外れると待機状態であったほかのクライアントのSQL命令が動き出す**ことになります。

ロックの粒度と種類

ここでの例はテーブル単位にロックされることを前提に話をしました。どういった単位でロックされるのかはデータベース依存です。Oracleでは行単位でロックがかかります。SQL Serverではページ単位でロックがかかることもあります。組み込み系のデータベースH2Databaseではテーブル単位、SQLiteではデータベース全体でロックがかかります。ロックの粒度が小さければ小さいほど衝突する確率が減ることになります。

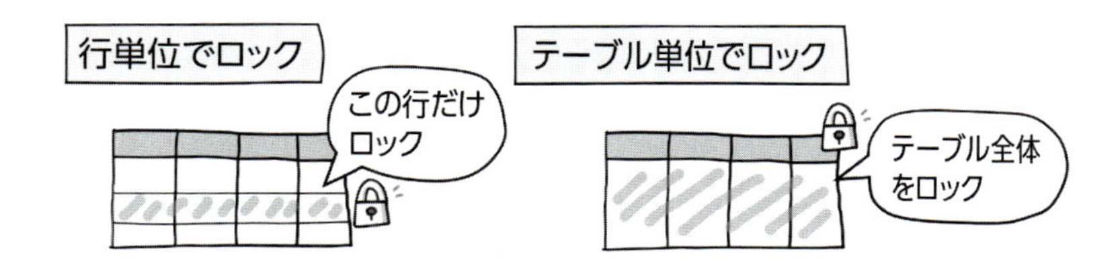

またロックにも種類があり、読み込みはブロックしないが書き込みはブロックするとか、読み込み書き込みの両方をブロックするなどのバリエーションがあります。

第 12 章

第12章でのまとめ

オートコミットモードではトランザクションが自動的にコミットされます

クライアントサーバー型のシステムではトランザクション単位で排他制御されます

付録

付録

SQL実行ツールのインストール方法

SQL実行ツールのインストール、アンインストールの方法を説明します。

1 SQL実行ツールのインストール

「SQL実行ツール.msi」または「SQL実行ツール(32ビット).msi」をダブルクリックして実行します。32ビット版のWindowsを使用している方は「SQL実行ツール32ビット.msi」を実行してください。

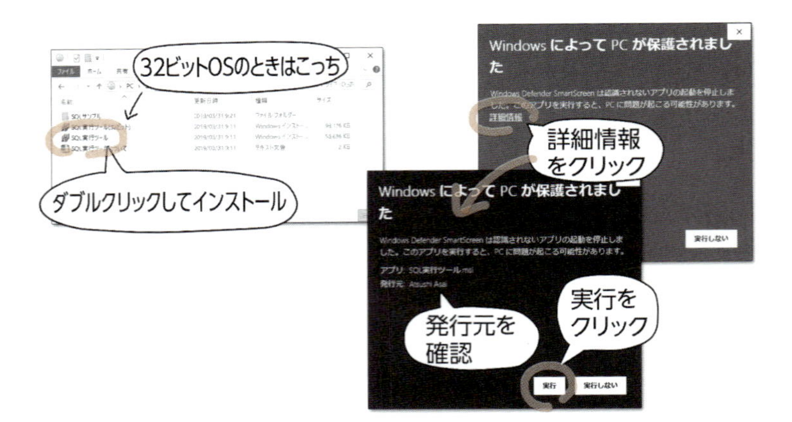

「WindowsによってPCが保護されました」と表示される場合があります。この画面が表示されたら、「詳細情報」のリンクをクリックします。発行元が「Atsushi Asai」となっていることを確認して、「実行」ボタンをクリックして下さい。

また、お使いのPCによっては、セキュリティソフトの警告メッセージが表示されることがありますが、警告を無視してインストール作業を進めて問題ありません。

インストールされるとデスクトップとスタートメニューに起動用のアイコンが登録されます。

2 SQL実行ツールのアンインストール

スタートメニュー「設定」→「アプリ」で「アプリと機能」を表示させます。
アプリのリストから「SQL実行ツール」を探してクリックします。

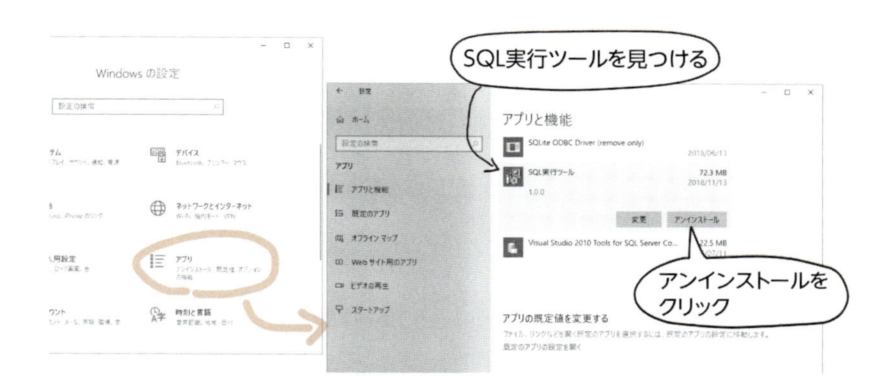

「アンインストール」ボタンのクリックでプログラムをアンインストールすることができます。

SQL実行ツールが起動中であるとアンインストールできません。SQL実行ツールを終了してからアンインストールします。

アンインストールしてもデータベースファイルは削除されません。「C:¥ユーザー¥<ユーザー名>¥illustSQL」フォルダ以下を削除してください。<ユーザー名>の部分はご使用中のユーザー名になります。

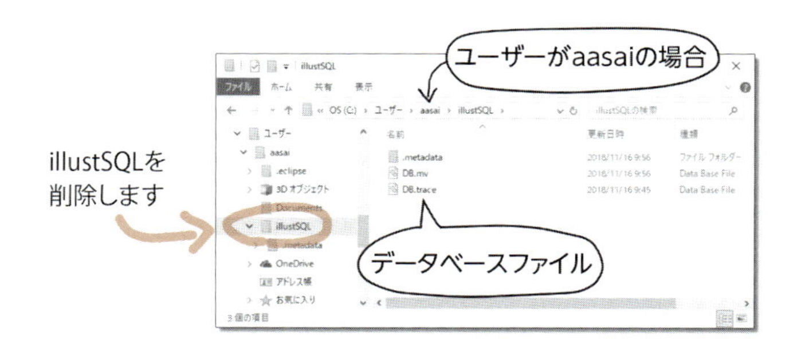

付録

SQL実行ツールの使い方

SQL実行ツールの使い方を説明します。

1 SQL実行ツールの起動

デスクトップに作成されたショートカットをダブルクリックします。

スタートメニューの「イラストで理解　SQLはじめて入門」ー「SQL実行ツール」をクリックすることでも起動することができます。

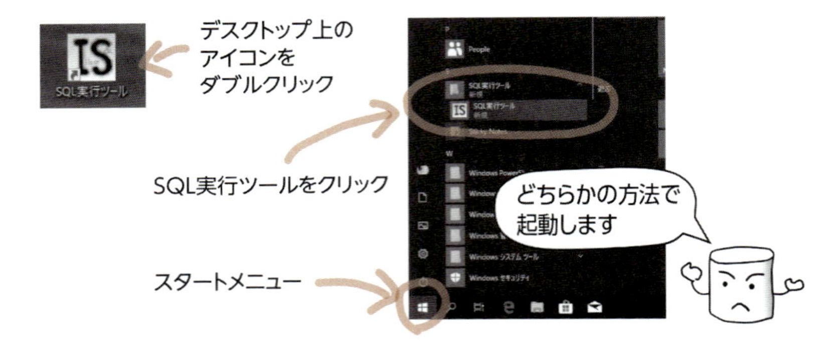

SQL実行ツールは2重に起動できません。すでにプログラムが動作している場合、あとから起動させたプログラムはエラーになります。

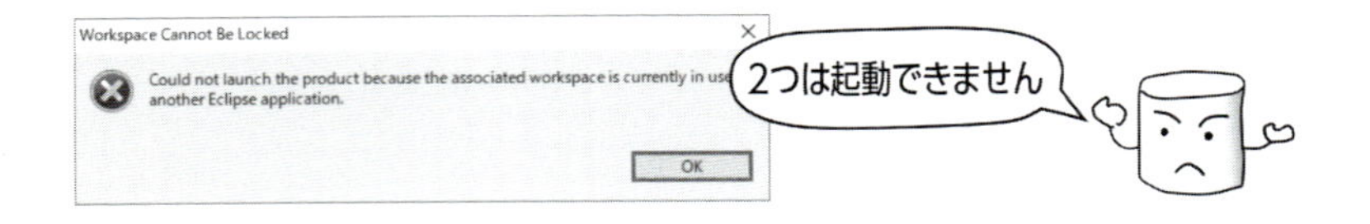

起動すると次のような画面が表示されます（表示されるまで数分かかる場合があります）。初回の起動時にデータベースファイルが作成され、出荷テーブル、売上テーブルが自動生成されますので、すぐに学習を始めることができます。

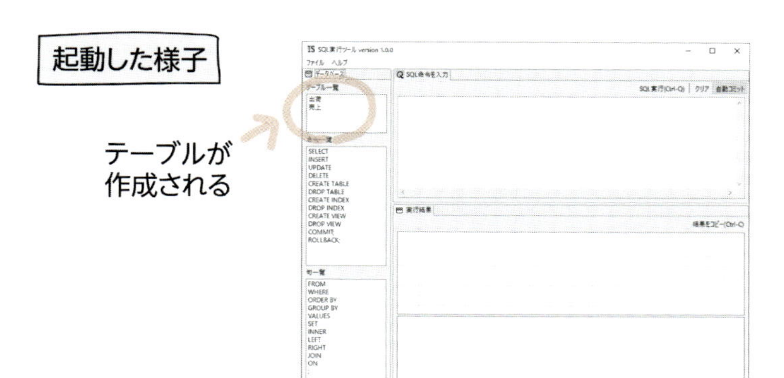

2 SQL実行ツールの終了

「ファイル」メニューから「SQL実行ツールを終了」を選択してください。確認ダイアログの「OK」ボタンをクリックすると終了できます。

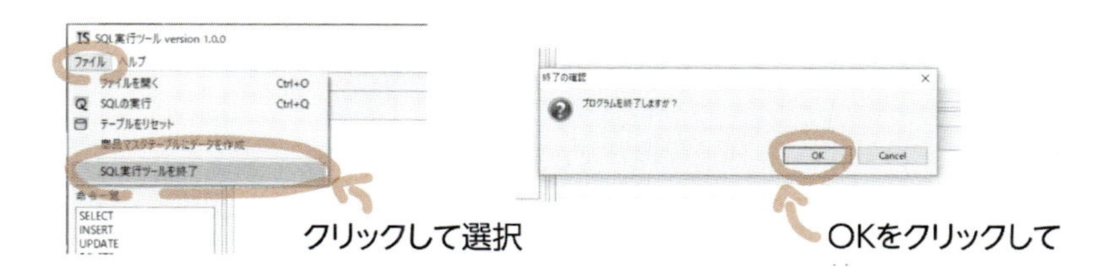

3 SQL命令の実行方法

「SQL命令を入力」と書かれた部分にSQL命令を入力します。Ctrl + V（Ctrl と V のキーを同時に押す）でクリップボードの内容を貼り付けすることも可能です。入力したSELECTなどの予約語は青で表示されます。

入力できたら、「SQL実行（Ctrl＋Q）」ボタンをクリックして命令を実行します。キーボード操作でCtrlとQのキーを同時に押すことでも命令を実行することができます。キーボード操作が得意な方はショートカットキーを使ってください。

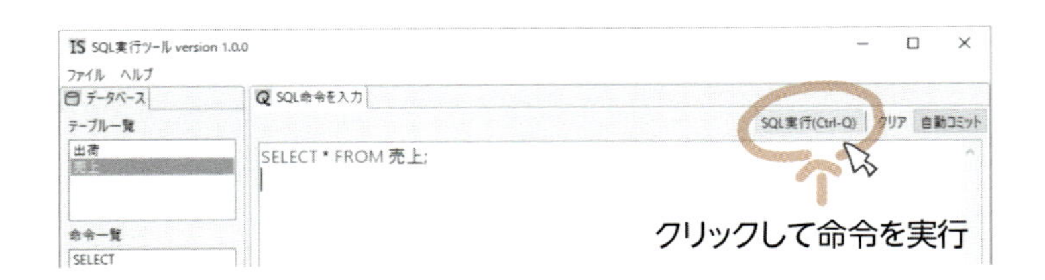

実行結果にSQL命令を実行した結果が表示されます。SELECT命令以外のSQL実行では表形式での結果は表示されません。エラーが発生するといちばん下の欄に表示されます。

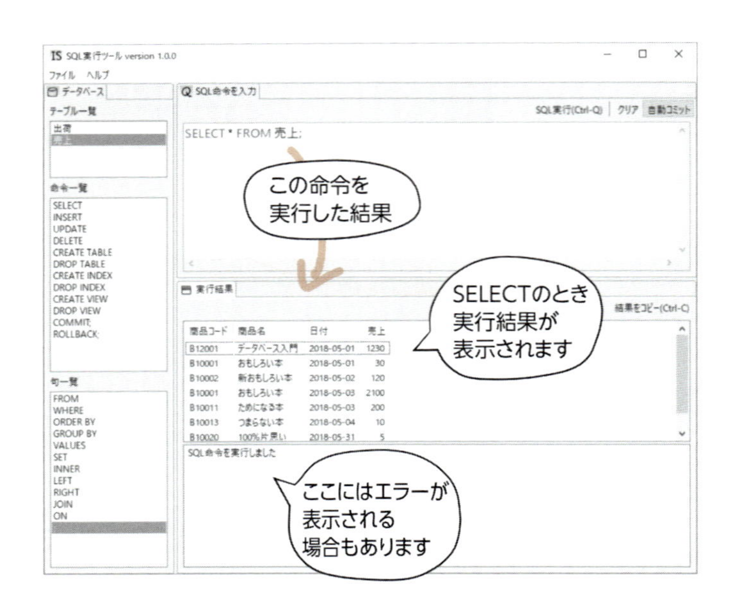

表形式の実行結果は次に「SQL実行（Ctrl＋Q）」ボタンをクリックするまで表示されたまま残りますが、いちばん下の欄（「SQL命令を実行しました」と表示されている部分）はSQL命令を編集すると消去されます。

「クリア」ボタンをクリックするとSQL命令、実行結果がクリアされます。その横の「自動コミット」はオートコミットを切り替えるボタンです。通常はそのまま自動コミットの状態で使用します。

4 SQL命令の入力補助

左横のデータベースには、テーブル一覧、命令一覧、句一覧が並んでいます。これらの一覧から表示項目をダブルクリックすることで、「SQL命令を入力」に選択したキーワードを入力することができます。マウス操作だけで入力できるのでキーボード操作が苦手な方は活用してください。

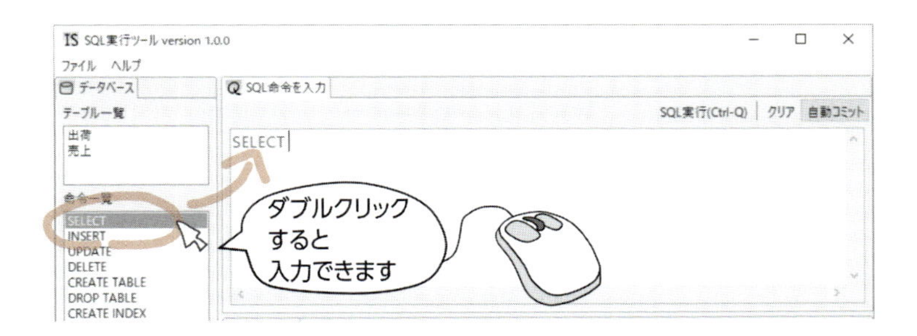

5 ファイルの読み込み

どうしても入力がうまくいかない場合はサンプルファイルからSQL命令を読み込みすることができますので試してみてください。ファイルの読み込みは「ファイル」メニューの「ファイルを開く」で行うことができます。

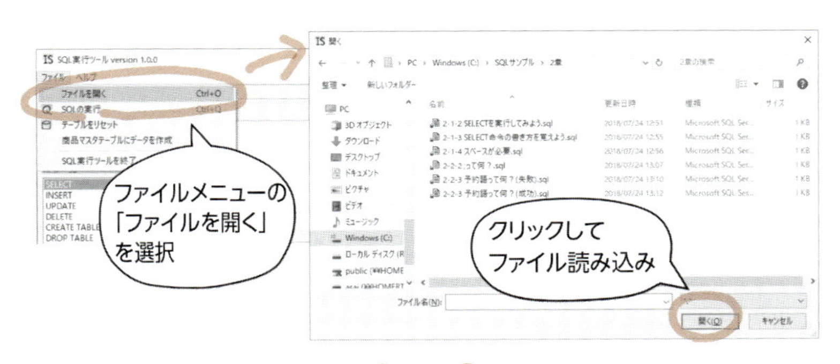

6 テーブルのリセット方法

「ファイル」メニューから「テーブルをリセット」を選択してください。確認ダイアログの「OK」ボタンをクリックすると出荷テーブル、売上テーブルの内容が初期状態にリセットされます。

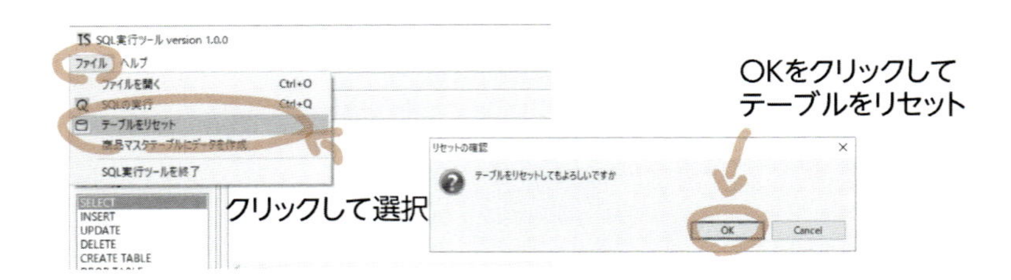

「商品マスタテーブルにデータを作成」は商品マスタテーブルにデータを作成します。商品マスタテーブルは11章で必要になるテーブルです。

記号・数字

A、B、C

D

E、F、G、H、I

L、M、N

O、P、R

S

T、U、V、W

ア行

カ行

サ行

タ、ナ行

ハ行

マ、ヤ、ラ、ワ行

…所長。1966年山形県生まれ、埼玉県所沢市在住のシステムエンジニア

…ンス」（技術評論社）
…かる］SQLはじめの一歩（WEB+DB PRESS plus）」（技術評論社）
…用ガイド～仕事の現場で即使える」（技術評論社）

■お問い合わせについて

本書に関するご質問については、本書に記載されている内容に関するもののみとさせていただきます。本書の内容と関係のないご質問につきましては、一切お答えできませんので、あらかじめご了承ください。また、電話でのご質問は受け付けておりませんので、必ずFAXか書面にて下記までお送りください。
なお、ご質問の際には、必ず以下の項目を明記していただきますよう、お願いいたします。

1. お名前
2. 返信先の住所またはFAX 番号
3. 書名（イラストで理解　SQL　はじめて入門）
4. 本書の該当ページ
5. ご使用のOS
6. ご質問内容

●問い合わせ先

〒162-0846
東京都新宿区市谷左内町21-13
株式会社技術評論社　書籍編集部
「イラストで理解　SQL　はじめて入門」質問係
FAX：03-3513-6167
URL：https://book.gihyo.jp/116

※ご質問の際に記載いただきました個人情報は、回答後速やかに破棄させていただきます。

イラストで理解（りかい）　SQL（エスキューエル）　はじめて入門（にゅうもん）

2019年 5 月29日　　初版　第1刷発行

著者　　朝井（あさい）　淳（あつし）
発行者　　片岡　巌
発行所　　株式会社技術評論社
東京都新宿区市谷左内町21-13
電話　03-3513-6150　販売促進部
03-3513-6160　書籍編集部
印刷／製本　　図書印刷株式会社

定価はカバーに表示してあります。

ISBN978-4-297-10543-3　C3055
Printed in Japan

●装丁
クオルデザイン　坂本真一郎
●本文デザイン・DTP
技術評論社　制作業務部
●編集
土井清志（技術評論社）